燃气的安全与节能管理

王传忠　阳志亮　著

中国财富出版社有限公司

图书在版编目（CIP）数据

燃气的安全与节能管理／王传忠，阳志亮著．—北京：中国财富出版社有限公司，2020.8

ISBN 978－7－5047－7202－2

Ⅰ.①燃…　Ⅱ.①王…②阳…　Ⅲ.①气体燃料—安全管理—研究②气体燃料—节能—研究　Ⅳ.①TQ517.5

中国版本图书馆 CIP 数据核字（2020）第 144887 号

策划编辑　李　伟　　**责任编辑**　邢有涛　张天穹

责任印制　梁　凡　　**责任校对**　杨小静　　**责任发行**　黄旭亮

出版发行　中国财富出版社有限公司

社　　址　北京市丰台区南四环西路 188 号 5 区 20 楼　　**邮政编码**　100070

电　　话　010－52227588 转 2098（发行部）　　010－52227588 转 321（总编室）

010－52227566（24 小时读者服务）　　010－52227588 转 305（质检部）

网　　址　http://www.cfpress.com.cn　　**排　　版**　宝蕾元

经　　销　新华书店　　**印　　刷**　北京九州迅驰传媒文化有限公司

书　　号　ISBN 978－7－5047－7202－2/TQ·0001

开　　本　710mm×1000mm　1/16　　**版　　次**　2022 年 1 月第 1 版

印　　张　13.25　　**印　　次**　2022 年 1 月第 1 次印刷

字　　数　202 千字　　**定　　价**　59.00 元

作者简介

王传忠，1969 年 12 月出生，毕业于辽宁大学，主修会计学专业，具有注册会计师（中国）、国际注册会计师、高级会计师资格。于 2008 年加入中国燃气控股有限公司，现任总裁办总裁助理，分管集团内总部财务管理部、科技公司、物资采购部、供应链公司、中燃科技公司，任集团信息化建设管理委员会及工作组主任，另在深圳市中油能源发展有限公司、哈尔滨中庆燃气有限责任公司、陕西延长中燃能源发展有限公司、广州中燃清洁能源有限公司、哈尔滨中庆清洁能源有限公司、内蒙古中燃售电有限公司、西安中燃电力设计有限公司等 153 家公司担任董事。

阳志亮，湖南邵阳人，工学硕士，高级工程师，深圳市地方级领军人才，曾获北京市第二十八届企业管理现代化创新成果二等奖，2019 Cloud Architect of the Year Excellence Award for Asia Pacific，多次获省市行业优秀 CIO 称号，在《TEIN》《集成电路应用》等学术论坛及刊物发表论文 10 余篇，现为深圳市中燃科技有限公司总经理，主要从事企业管理和能源智能化研究与实践工作。

前 言

我国气体燃料的使用规模正在日益扩大。无论是天然气、煤气、液化石油气或农村沼气事业，都在迅速发展。运用先进的燃烧与节能技术来提高气体燃料的使用效益，是发展燃气事业的一个重要环节。同时，随着当前现代化的工业设计技术不断发展，工业领域的相关工作也呈现出了不断革新的趋势。在当前的状况之下如何真正意义上实现工业技术的节能减排，成为今后工作的重点和难点问题，自然也是当前社会的热点问题。天然气这种新型的能源正在逐步地成为当前主流的能源，并且随着我国相关领域技术的不断发展，今后燃气工作也必将呈现出崭新的发展态势。但是需要注意的是，在当前对天然气需求量不断增加的前提之下，如何有效地实现节能技术的应用，是需要关注的问题，所以还应当对燃气的节能技术和管理进行深层次的研究，以便更好地实现技术的发展和改革创新。

基于此，本书针对燃气的安全和节能管理方面的内容展开论述，详细阐述了燃气使用安全操作要点、燃气工程基本安全技术、燃气安全维护与抢修、我国能源现状与节能、节能型燃烧技术与装置、余热回收利用技术以及燃气工程节能技术创新。

目　录

第一章

燃气使用安全操作要点

城市燃气是一种方便、快捷、环保、经济的优质燃料，随着城市化建设的迅速发展，燃气的使用越来越普遍。但燃气是易燃易爆的气体，城市燃气含有CO等气体，具有易引发中毒的特点。燃气的种类很多，主要有天然气、人工燃气、液化石油气、沼气、煤制气。目前应用较普遍的是天然气。天然气的主要成分是烷烃，另有少量的乙烷、丙烷、丁烷，是一种无色、易燃、易爆的气体，一旦泄漏到室内，容易发生爆炸、火灾等事故，也会因空气中氧气含量的降低，造成人的窒息死亡。因此，在工业生产和居民生活用气中如使用不当，存在极大的安全隐患。

第一节　人工燃气使用安全操作知识

一、人工燃气使用的注意事项

①燃气同空气混合，在爆炸极限范围内遇明火即可爆炸。地下室发生燃气爆炸时，可能使整幢楼房遭受严重破坏。用户要有具备使用燃气条件的厨房，禁止厨房和居室并用；燃气灶不能同取暖炉火并用；厨房必须通风，一旦燃气泄漏能及时将其排出室外。

②装有燃气设施的厨房切忌住人。燃气中的 CO 和氰化物有毒，一旦燃气发生泄漏，睡在厨房中的人不能及时发现，很容易中毒身亡。

③使用燃气的厨房里不准堆放易燃易爆物品，在燃气设施上禁止拴绑绳索、吊挂物品，以免造成燃气的泄漏。

④要经常检查燃气胶管是否老化、破损。温度的影响、重物挤压等因素，都能使胶管裂缝而造成燃气泄漏。如遇到此种情况应及时更换新管。

⑤用完燃气后关闭燃气灶具开关，睡觉之前要检查灶具开关是否关好，并将接灶管末端喷嘴关闭，不得疏忽大意。

⑥在使用燃气时，一定要按程序操作，不得打开燃气灶后再找点火用品。带有自动点火的灶具一次点不着时，应立即关闭灶具开关，不得将开关打开时间过长，以免燃气外漏。点燃灶火后要观察火焰燃烧是否稳定、正常。火焰燃烧不正常时要调节风门。

⑦教育儿童不要随意乱动燃气灶具开关，更不要在有燃气设施的房间内玩火。

⑧燃气泄漏时，闻到燃气气味后应立即打开门窗，发现漏点及时处理，处理不了的立即报告燃气公司或有关部门采取措施。

二、燃气灶的安全使用要求

①使用中应有人照看，观察燃烧情况，调节火焰，防止汤水溢出或因风吹将火焰熄灭而造成燃气外漏。

②铸铁双眼灶是常用的灶型。灶具通常容易发生漏气的地方是开关的旋塞处，旋塞芯是锥面接触，用密封油脂来密封燃气。使用时间长了，由于长时间旋转，密封油脂干燥，摩擦力增加，锥体密封面磨损后产生缝隙，就会导致燃气泄漏。若发现旋塞不灵活或漏气，必须及时修理。

③居民用户的一切燃气设施不允许私自拆装或迁移，设备确实需迁移的，应向燃气公司管理部门提出申请以确保安全。

三、公共建筑用户燃气用具的使用

1. 公共建筑用户使用燃气应具备的条件

公共建筑用户申请安装燃气设备，必须具备以下条件。

①公共建筑中使用燃气的厨房、茶炉房必须具有相当大的空间，以便合理安装燃气设施，并具备足够的换气通风条件（如有排风装置或有天窗、宽大门窗等）。

②敷设燃气管道时，不允许与热力管道、自来水管、排水管、电缆等同沟敷设。

③布置燃气管道，应避开地下室、排烟道等容易发生事故和一旦发生事故容易造成严重后果的部位。

④使用燃气的厨房不允许与煤火炉并用，也不允许有其他火源。

⑤蒸锅灶、开水炉、烤炉必须安有烟囱等排烟装置。

⑥安装燃气设施的厨房，要远离电气配电盘、高压变电室等易于起火的重要设施。

⑦使用燃气的单位必须配备经过专业燃气知识培训，懂得燃气安全使用方

法的管理人员和操作人员。

2. 如何安全使用大型燃气灶具

公共建筑用户的大型燃气炊事灶具有炒菜灶、蒸箱、蒸锅灶、饼炉、烤炉、西餐灶，等等。这些燃气炊事灶具火力集中，热度强度高，危险性大，操作人员稍有不慎极容易造成事故，在使用过程中要特别注意以下安全措施。

①使用大型燃气炊事灶具的单位要制订相应的安全操作规程和管理制度。

②指定人员经常检查燃气设备使用情况，发现不正常现象要停止使用，并及时报告燃气公司。

③大锅灶点燃要用点火棒，点火时应先点燃点火棒，伸入燃烧器上方后，再开启燃气开关。开启开关时，应由小逐步增大。

④若发生回火应立即关闭燃气开关，排除炉、灶内剩余燃气，经处理后再点火使用。

⑤使用完毕后要及时熄火，以免浪费燃气。

⑥燃气灶具的搬迁和改装必须报告燃气公司，经合理设计施工并验收合格后方可启用。

⑦燃气灶具有严重损坏或有漏气现象，要及时报告地区燃气管理站，以便处理。

3. 正确使用燃气开水炉

燃气开水炉，常用的有两种：一种是容积式自动沸水器，另一种是普通燃气开水茶炉。

容积式自动沸水器，由水路系统、燃气系统和自动控制系统三部分组成。点火时不直接用火源点燃，而是将燃气管道上的阀门打开，然后手动轻轻按动按钮，在自动控制系统的操作下点燃，并可随时调节燃气火焰的大小。水烧开后主火自动关闭，由长明火保温。沸水箱内开水的温度可一直保持在90℃以上。遇上断水，沸水水箱的水位降到禁忌线时，燃气通路自动被切断，长明火自动熄灭。这种沸水器安全可靠，外形美观，体积小，可连续供水，使用方便，但造价较高，不易普及。用户普遍习惯使用的还是普通燃气开水茶炉。

普通燃气开水茶炉结构简单，耗气量少，热效率高，安装方便，使用也较为安全，适用于工厂、机关、学校、食堂、理发店等集体单位，更适用于高层建筑，供烧开水用。

在使用普通燃气开水茶炉时应注意以下几点。

①加水时炉体内的水位不宜过高，加至距水位计上段开关2cm处即可。

②点火前，必须注意检查燃烧器的全部开关是否处于关闭状态。如果发现有开关处于开启状态，千万不可贸然点火，应先将开关关闭，打开炉门，排空炉膛内的燃气，必要时可设法通风吹扫。

③普通燃气开水茶炉点火时，应先将点火棒点燃，经调节点火棒上的开关，使其火焰不发生脱火等现象，然后打开炉门，用左手将点燃的点火棒伸入炉膛，使点火棒上的火焰与小火燃烧器火孔接触，再用右手将联锁燃气开关的小火开关打开，点燃小火。燃气开水茶炉的小火点燃后，要将点火棒关闭，退出炉膛。再将联锁燃气开关的主火开关缓缓打开，此时主火即可点燃。

④炉内水烧开后，汽笛发出哨叫声，这时关闭主火燃烧器开关，主火熄灭，由小火保持炉内开水的温度。

⑤夜间小火开关一般要关闭，如需要保持炉内开水温度，要有人注意关照，不能让风吹灭小火，以防燃气漏出，酿成事故。

⑥严禁先开燃气开关，后将点火棒伸入炉膛内点火，否则容易发生燃气爆炸事故。

⑦普通燃气开水茶炉连续使用半年后应进行一次水垢处理。

第二节　液化石油气使用安全操作知识

液化石油气是一种优质的液体燃料。我国大部分城市采用瓶装供气，除居民使用外，食堂、饭店、旅馆等也在普遍使用。由于液化石油气有着自己独特的性质，在使用过程中应注意的事项除人工燃气所要求的以外，还应了解下面的知识。

一、钢瓶不允许超量灌装

绝大多数物体都具有热胀冷缩的性质，液化石油气也不例外。液态液化石油气的体积膨胀系数比水大得多，相当于水的 10 ~ 16 倍。温度升高时，液态体积膨胀，大约每升高 10℃体积膨胀 3% ~4% 。随着温度的升高，气态空间逐渐被液态挤占，当温度升高到一定程度，液态就会完全充满钢瓶。当气、液共存时，钢瓶内的压力是饱和蒸气压，它随着温度的升高只会缓慢升高，而一旦钢瓶内完全充满液态，由于液体膨胀力直接作用于钢瓶，温度每升高 1℃，压力就急剧上升 2. 0MPa ~ 3. 0MPa。钢瓶的爆破压力一般为 8. 0MPa，温度只需再上升 3℃ ~4℃，钢瓶内的压力就可能超过爆破压力，引起钢瓶爆破。当钢瓶内按规定灌装量灌装纯丙烷（即 15kg 装钢瓶灌装 15kg，10kg 装钢瓶灌装 10kg）时，温度要到 60℃时才会使液态充满整个钢瓶。这样高的温度在正常使用情况下是不会出现的，因此钢瓶可安全使用。

但是，如果灌装量超过规定，情况就完全不同。有的灌装工人违反操作规程，使钢瓶内液化石油气灌装超量，有的自备钢瓶户常要求灌装工人多给灌点。钢瓶里多灌上 2 ~3kg，很可能在温度不太高（比如只有 20℃ ~30℃）时，钢瓶就已被液态充满，这样，温度只要略升高几摄氏度就会使钢瓶爆破，后果不堪设想。

为确保安全用气，灌瓶厂都严格控制钢瓶的灌装量，15kg 装钢瓶的灌装误差，一般不超过 0. 5kg。常温下按规定重量灌装时，液态液化石油气大约占据钢瓶内容积的 85%，而留有约 15% 的气态空间供液态受热膨胀。

二、冬天钢瓶放在室外或低温的地方

钢瓶里储存的是液态石油气，燃具使用的是气态石油气，从储存到使用，液化石油气必须经历从液态变为气态的过程。液态变为气态，称作蒸发或气化。

钢瓶中的液化石油气在一定温度下，处于该饱和蒸气压下的气液共存状态。若不打开角阀，气、液两态处于动态平衡，温度与压力也处于平衡状态，液态表面是平静的。当打开角阀向外供气时，随着气态的导出，气态空间的压力就降低，此时的温度就会高于该压力下的沸点，气液平衡状态就被打破，液态就会沸腾起来，一部分液态会迅速蒸发，向气态空间补充。随着气态的不断导出，液态不断蒸发，维持向燃具供气。液化石油气从液态变为气态的过程要吸收蒸发潜热，通常这个热量是通过钢瓶表面从外界大气中吸取的。当外界温度不过低时，钢瓶内的自然蒸发量足够一般家用燃具使用。

如果外界供给的热量不足以供蒸发之用，液态的蒸发潜热就要由自身解决，于是液态温度逐渐下降，蒸发速度也越来越慢。

冬天室外温度很低，放在室外用的钢瓶得不到足够的热量供液态液化石油气蒸发，燃具就无法正常工作。因此，冬季应将钢瓶放在室内（厨房内）使用，环境温度宜保持在10℃～20℃。

角阀关闭后，液态蒸发出的气态逐渐在气态空间累积，压力逐渐恢复到该温度下的饱和蒸气压，瓶内气液两态又恢复了平衡，液面也恢复了平静。

三、不得随意拆卸减压阀

减压阀是液化石油气减压、输气的关键性设备，只有随时处于完好状态，才能保证安全用气，因此绝不能随意拆卸减压阀。

有的用户怀着好奇心理将减压阀上的黑色胶木盖旋下来，这时就会看到生产厂贴的“检验合格”的封纸，封纸下面是调节母，它控制着弹簧对膜片的作用力，从而控制着气态液化石油气的出口压力。如果将封纸破坏并进一步旋动调节母，就会破坏减压阀原有的减压功能。

减压阀出厂前，已调整了调节母对弹簧的压力，如果随意旋动调节母，出口压力就可能超出正常工作范围，燃具就不能正常工作，再进一步破坏减压结构，还会造成高压送气，那就更加危险。

减压阀壳上的小孔叫呼吸孔，它对于减压阀正常工作具有不可忽视的作用。呼吸孔与减压阀膜上腔相通，与液化石油气却是隔绝的。当膜片上下运动时，膜片上方的空气从呼吸孔进出，不必担心液化石油气从此孔流出。如果此孔被堵住，膜片上方的空气无法正常进出，膜片的动作就受到了限制，这样液化石油气就会高压通过，容易发生各种事故。

四、液化石油气设备的正确连接

在家庭应用中，燃具和减压阀是通过胶管连接为一体的，设备不发生故障就不必将它们拆开，减压阀和钢瓶角阀之间是靠螺纹连接的，每次换气都要装卸一次。胶管与燃具进口接头之间、胶管与减压阀出口接头之间都要连接紧密。接头带纹部分应完全插入胶管内，然后用铁丝捆紧或用管夹夹紧，铁丝捆绑应松紧适中，如果用力过大，胶管表面就会出现较深的凹痕，时间长了胶管就会从这里开裂。

胶管接好以后应处于自然下垂状态，不要使它发生绞拧，也不要让它受到尖硬物体的挤压碰撞。一瓶气用完后到供应站去换气，一般只需要携带钢瓶，因此需要把减压阀从钢瓶的角阀上卸下来。

卸减压阀前必须先把钢瓶的角阀关紧。前面已说过，虽然灶具已不能点燃，但瓶内仍留有一定的燃气，如不关紧角阀，当减压阀卸开后，仍会有燃气从钢瓶中喷出，这是很危险的。卸减压阀时用一只手将它端平，另一只手顺时针方向旋转手轮。减压阀卸下后，应轻轻放在灶板上或其他干燥物品上。

换气之后上减压阀前，要先检查进气口密封圈是否变形或脱落。如果变形或脱落，千万不要凑合使用，或用其他东西勉强代替，而应到供应站配一个新的装上。不要小看密封圈的作用，没有它就会造成严重漏气。

减压阀与角阀是以反扣相连接的，上减压阀时要用一只手托平阀体，将减压阀手轮对准角阀出口丝扣，用另一只手逆时针方向旋转手轮，直至减压阀不能左右摇动为止。

偶尔会遇到减压阀与角阀丝扣不合而拧不上或拧不紧的现象，这是两者的制造公差引起的。这时不要强力去拧或凑合使用，一定要到供应站去更换钢瓶。

五、液化石油气设备的正确安放

液化石油气设备的安放位置和安放方式，对安全用气有直接的影响。

钢瓶的安放位置应便于进行开关操作和检查漏气。有的用户把钢瓶放在桌子底下，或在钢瓶上堆放杂物，既妨碍操作，出了事故也不容易处理。

钢瓶应远离热源。不要把钢瓶放在暖气旁边，绝不允许放在点燃的煤炉旁边。如果钢瓶受到直接烧烤，液态急速膨胀，可能会使钢瓶爆破，流出的液化石油气遇到煤炉的明火，就会造成一场大事故。

钢瓶必须直立放置，绝不允许卧放或倒放。钢瓶卧放或倒放时，瓶口部分浸在液面以下，打开角阀后液态液化石油气由减压阀经胶管从灶具燃烧器喷嘴喷出，立即气化成相当于液态体积250倍的气态液化石油气，远远超过灶具本身的负荷，一遇火就可能造成危险。

钢瓶放置位置应保持干燥。居民自建小厨房往往比较潮湿，可在钢瓶底下垫上木板或砖。做饭时也应注意，不要将水洒在钢瓶上。

为避免钢瓶受液化石油气灶具火焰的烧烤，二者之间应保持一定的距离，此距离应为0.5～1.0m。一般供应站供应的胶管长度为1～1.2m，足以满足这一要求。有的用户认为钢瓶离灶具越远越好，因此购置了很长的胶管，钢瓶与灶具之间又放置了桌子、碗柜等杂物，胶管绕来绕去，很容易被碰破而漏气。灶具应摆放平稳，特别要注意燃烧器头部不要歪斜或偏扭。灶具的摆放位置应尽量避开风口。

第三节　天然气使用安全操作知识

天然气的主要成分为甲烷，不含有毒的一氧化碳，因此比较安全，不像人工燃气那样容易引起人身中毒。纯天然气的爆炸极限为5%～15%，比人工燃气的爆炸范围要窄，因此相对较为安全。但也不可放松安全意识，使用中务必遵守如下规定。

①先点火，然后拧开灶具开关。一时未点着，要迅速关闭天然气灶开关。切忌先放气后点火。

②使用时人不要远离，以免沸汤溢出将火扑灭或风吹灭火焰，造成跑气。

③注意调节火焰和风门大小。因天然气热值高，使用时应注意供给足够的空气，使燃烧火焰呈蓝色锥体，火苗稳定。

④连接灶具的软管，应在灶面下自然下垂，且保持10cm以上的距离，以免被火烤焦、烧断，酿成事故。注意经常检查软管有无松动、脱落、龟裂变质。

⑤注意厨房通风，使用燃气热水器时必须开窗或排风扇，保持室内空气新鲜。

⑥天然气的火焰传播速度较慢，当天然气燃具设计、制造不合理时，易出现离焰或脱火现象，产生不稳定燃烧，因此要使用质量合格的燃具。

第二章

燃气工程基本安全技术

本章以燃气安全技术为着手点，对燃气成分控制技术、燃气超压预防技术、静电消除技术、安全切断技术以及爆炸泄压及火焰隔离技术进行了具体的研究和探讨。

第一节　燃气安全技术概述

一、安全问题

（一）安全问题，当今社会较为人们关注的问题之一

①专家测算，全球每年发生各类事故超过2.5亿起，死亡200多万人。

②家庭、企业、国家，安全问题关乎生产、生活的各个领域。

（二）城镇燃气技术进步发展规划

城镇燃气技术发展的目标是改善城市大气污染和实现节能，按照市场经济规律，实行清洁能源战略；压缩城市的烧煤量，扩大天然气和液化石油气的使用范围，优化城市的能源结构；逐步形成城市天然气的供配气网络和储气配套设施，提高气体燃料在能源结构中的比例。围绕天然气的发展和利用，选择生产实践中急需的科学技术和应用技术课题，开展科研活动，务求实效。加强对国外先进技术的消化吸收，保证安全供气，降低成本。

（三）重点技术进步发展课题

通过对燃气行业发展相关课题的研究，认识燃气行业发展的现状及趋势，包括安全供配气技术研究，应用于不同条件的燃气检漏技术，防灾系统和抢修技术等。

（四）城市燃气安全问题

城市燃气系统可分为燃气生产（生产环节）、储配站和输配管道（输配环节）、最终用户（使用环节）三部分，每一部分都可能发生事故。

1. 生产环节

生产环节是最危险的一个环节。在相关单位工作的职工必须接受必要的安

全培训，建立健全安全制度，减少事故的发生。在生产环节出现事故主要有以下三个原因。

①违章作业。虽然有安全制度，但部分工作人员素质低或对安全认识不够，未能按规章制度进行操作。

②设备老化。液化气储配装置如液化气罐属重复使用的设备，其上阀门等部件很容易老化，如检查不够彻底就可能发生燃气泄漏，最终导致爆炸事故。

③操作规程不合理。设备不断更新和新装置投入使用，但操作规程不能及时更新或更改，也是引起事故的原因。

2. 输配环节

输配环节是城市燃气安全最薄弱的环节，是造成城市居民楼燃气爆炸事故或人员伤亡的重要原因。主要有以下几方面问题。

①城市管网管理混乱，没有统一的主管部门，没有随管网建设制定相应的法规和制度，责任划分不明，在管道投入使用后缺乏日常的维护和检修，导致管道破裂，造成事故。

②无统一规划，不能互相协调，各种市政管线相互交错，相互影响，经常由于道路改、扩建，机械化施工，路面荷载加大，使管道破裂而引发事故。

③各种管道间隔不够，无安全防护措施和警报装置，市民缺乏防灾意识，发现问题不知如何处理，也不及时向有关部门报告。

3. 使用环节

我国为了减轻城市大气污染，大力发展城市燃气，城市燃气越来越普及，使用燃气的用户越来越多，已改变了我国传统的以煤为主的能源结构。

室内燃气管道系统因腐蚀穿孔、接口及阀门密封材料老化、安装质量不良、机械振动、热胀冷缩和其他原因，产生穿孔、裂缝或断裂，或者因为使用不当及供气不正常等原因造成燃气泄漏。

当泄漏气体与环境空气混合，在使用燃气的房间形成燃烧爆炸性气体，遇到点火源就可能引起燃烧爆炸事故，其安全性问题已成为人们关注的焦点，保证居民用气安全是亟待解决的重大课题。

燃气用户，特别是居民用户，往往较为分散，遍布城镇各个居民区，难以进行有效管理，燃气泄漏后易造成安全事故，由此造成的人民群众的生命财产损失也较多。每年我国都有多起因燃气泄漏而产生燃烧爆炸的事故，造成房屋破坏和人员伤亡。

二、燃气爆炸的预防与防护技术概述

（一）预防与防护安全技术的开发要点

①掌握预防对象的爆炸特性。

②明确安全装置的特性。

③选择恰当的方法。

④安全方法的分析比较。

⑤充分可靠的设计依据。

⑥安全装置的校核检验。

（二）预防与防护安全技术分类

预防与防护安全技术可分为：爆炸预防技术和爆炸防护技术。

第二节　燃气成分控制及超压预防技术

一、燃气成分控制技术

燃气管道开始使用时，或者是利用储气罐进行储气时，会遇到管内或罐内空气与将要存储的燃气的安全置换问题，在储气罐进行检修时，也会遇到罐内燃气与环境空气的安全置换问题。这一问题的提出是由于燃气与空气或空气与燃气的置换过程中，在存储罐内或管内会形成爆炸性混合物，即会出现爆炸的

基本条件，所以燃气的安全置换问题是非常重要的。解决这一问题的主要方法是采用燃气的成分控制技术，在此基础上进行燃气置换。

（一）燃气安全置换原理

1. 利用惰性气体防止爆炸

尽管燃气与空气在置换过程中可能形成燃气爆炸的浓度条件，但点燃的条件并不一定存在，如果点燃的条件不存在的话，爆炸是不会发生的。困难的是，在储气罐置换过程中，燃气与空气的混合是在罐内进行的，这是一个不容易检测和控制的环境，特别是燃气介质为液化石油气时，极有可能出现爆炸。因此，控制罐内燃气空气混合物的浓度，使其不在爆炸范围内，便成为一项预防爆炸的可靠措施。通常采用的方法是利用惰性气体防止爆炸。

这种方法便是，在储气罐和管道进行置换前，先给其注入一定量的惰性气体，如 N_2、CO_2等，使装置内形成不具备爆炸性的混合气体。也就是说，在具有一定含量的惰性气体的燃气或空气中，即使再充入燃气或空气，也难以达到燃气的爆炸极限范围。

2. 置换过程的选择

城市燃气工程中，储气设施的使用是较为广泛的，其中，利用储气罐储气较为常见，目的是平衡燃气用量的不均匀性。而在这些储气罐的投产和运行过程中需要检修时，通常要将储气罐内的空气或燃气安全地置换出来，以防止罐内产生爆炸性混合物而发生爆炸事故。通常采用的方法有用水置换和用惰性气体置换，前者适用于小容量的储气罐，后者则适用于大型储气罐。将储罐内的空气置换成燃气有两种方法。

（1）升压置换的方法

即罐内充入一定量的惰性气体，使罐内混合气体中氧气的浓度在临界氧气含量以下，然后再充入可燃气体。

（2）等压置换的方法

该方法是在充入惰性气体的同时，排放出惰性气体与空气的混合物，直到储罐中氧气的含量低于临界氧气含量为止。

（二）燃气安全置换工艺

许多气体置换工程中，经常利用添加惰性气体的方法来防止发生爆炸。值得注意的是，在安排置换工艺时，除了考虑气体的爆炸特性，还应综合考虑以下因素：

①气体的性质（比重、扩散特性等）。

②所用惰性气体的性质。

③惰性气体的入口。

④气体排放口。

⑤置换气体的输入速度。

⑥继续升压置换时升压速度等。

由此可以合理地安排置换工艺，减少置换气体的用量，实现经济、安全的置换效果。在置换的过程中，防止在被置换的管道或容器空间出现难以置换的死角是很重要的。如液化石油气储气罐在检修之前的置换，若其中有死角未进行彻底置换，便会出现置换结束一段时间后出现爆炸性气体的可能，这是因为滞留部位的残液或附着污垢再次蒸发而成为可燃气体。

二、燃气超压预防技术

超压预防技术在燃气输送与储存系统中十分重要，常用的超压预防技术是采用安全排放装置，如安全阀、管路安全装置等。

（一）安全阀

1. 安全阀的结构与工作原理

安全阀是一种为防止压力设备和容器或容易引起压力升高的设备和容器内部压力超过使用极限而产生破裂的安全装置。它是一种常闭的阀门，平时利用机械的荷重作用来维持阀门的关闭状态，而当内部压力达到安全阀的排放压力时，阀门便被打开，内部介质喷出，具有泄压、排放的作用。当设备内的介质压力降低到安全压力时，安全阀又重新关闭。它通常安装在高压设备上，如高压储气罐、压缩机的排气管等。

2. 安全阀的安装要求

（1）直接相连、垂直安装

安全阀应与承压设备直接相连，并安装在设备的最高位置。一般情况下禁止安全阀与承压设备之间安装任何其他阀门或引出管，但承压设备内为易燃、有毒或黏性大的介质时，为便于安全阀的清扫、更换，应当在安全阀与设备之间安装截止阀。

（2）保证畅通、稳固可靠

为了减少安全阀排放时的阻力，安全阀进口和排放管在安装时应尽可能畅通。安全阀与承压设备之间的连接短管的流通截面积以及特殊情况下安装的截止阀、安全阀排放管的流通截面积都不小于安全阀的流通截面积。若数个安全阀与承压设备安装在同一根管道上，则管道的流通截面积不得小于所有安全阀流通截面积的 1.25 倍。排放管应一阀一根，要求直而短，尽量避免曲折，并禁止在排放管上安装任何阀门。有可能被物料堵塞和腐蚀的安全阀，应采取一定的必要措施。

在安装安全阀时，法兰螺栓应均匀紧固，以避免阀体内产生附加压力，破坏安全阀零件的同心度，影响其正常工作。排放管应有可靠的支撑和固定措施，防止被大风刮倒以及在排放时产生震动。

（3）防止腐蚀、安全排放

若安全阀在排放时产生凝液积累或被雨水侵入，就会对安全阀和排放管造成腐蚀，冬季还会结冰引起堵塞和胀坏，因此应在排放管的底部安装泄液管。泄液管应安装在安全的地点，且应有防止冬季结冰的措施，并禁止在管上安装阀门。

对安全阀要加强日常维护和保养，保持洁净，防止堵塞和腐蚀。要经常进行铅封检查，防止他人随意移动铅锤或调节螺丝，发现泄漏应及时进行调换和检修。

（4）定期检查、保障安全

定期检查的内容一般包括动态检查和解体检查。如果安全阀在运行过程中已经发现泄漏现象或动态检查不合格，则应进行解体检查。解体后，对阀芯、阀座、阀杆、弹簧、调节螺丝、锁紧螺母、阀体等逐一检查。主要检查是否有裂纹、伤痕、腐蚀、磨损、变形等缺陷。根据缺陷的大小、损坏的程度决定修复或更换，然后组装进行动态检查。

动态检查时使用的介质根据安全阀所用的设备确定。一般用于高压气体的选用空气，用于液体的选用水。所用压力表的精度不得低于一级，表盘直径一般不应小于150mm。

动态检查的步骤为：

①组装；

②升压，缓慢将压力升至工作压力；

③保压，在工作压力下应保持3～5min无泄漏；

④升压动作，应在规定的开启压力下动作，记录动作时的压力；

⑤降压回座，记录回座压力；

⑥再保压，回座后的工作压力应保持在3min无泄漏。

3. 安全排放系统

安全阀的排放应根据介质的不同特性，采取相应的措施，确保排放的安全。如介质有毒时应排入封闭系统；介质是可燃液体时，设备安全阀出口的排放管应接入储罐或其他容器；介质是可燃气体时，应引入火炬排放，没有火炬的应引到其他安全设施排放；排放后可能引起燃烧的可燃气体、液体，应经冷却低于自燃点后接至相关放空设施；排放后可能携带腐蚀性液滴的可燃气体，应经分离罐分液后接至火炬系统，并有其他相应的防腐措施。

室外可燃气体储罐上的排放管，管口应高出相邻最高储罐平台3m以上，室内的可燃气体储罐上安全阀的排放管应引至室外无其他危险和通风良好的场所并应高出屋面3m以上。放散管的排气口应向上，以防止气流冲击管壁，造成操作人员受伤或频繁发生震动。

由于燃气工程中使用的安全阀所排放的气体通常具有爆炸性，安全阀与排放口之间的管道内可能形成可燃混合气体，故排放口的位置及四周的安全措施应根据相应的规范设计。

4. **安全回流阀**

安全回流阀是正常状态下常闭的一种设备。它通常安装在液化石油气储配站的一些设备上。例如，灌装工艺中的容积式叶片泵出口的液相回流管上安装安全回流阀可以在管路超压时起到溢流作用，防止管路超压。

（二）管路安全装置

在低压燃气系统中使用泄压保护措施同样非常重要。在城市燃气的供应系统中，高—低压、中—低压区域调压室主要是给低压管网（低压用户）供气的，它必须保证不能让超过低压的燃气进入低压系统。为满足这一要求所采用的技术手段，就是使用管路安全装置。

常用的管路安全装置包括低压安全水封、低压安全阀、超压安全切断阀和自动降温装置。

1. **低压安全水封**

低压安全水封是低压系统采用的管路超压保护装置，在区域调压室使用较为广泛。水封内的水柱高度便是低压系统运行压力的允许值，通常可以按照低压系统设计压力的1.2倍来确定。

在没有供暖设施的北方地区使用这种方法是不合适的，因为水的冻结会导致保护措施的失灵，造成更为严重的事故。

2. **低压安全阀**

低压安全阀是用于箱式调压装置的一种超压保护装置，连接于调压器的后面，当调压器失灵，出口压力升高时，该阀门就会打开，燃气从放散口排出，以防止管道后续压力的升高。

低压安全阀的放散能力与调压器的最大通过能力有关。也就是说，在调压器直通的情况下，失去调压作用，此时若要保证后续管道的压力不升高至管道容许的运行压力，则放散能力应与调压器直通时的通过能力相适应，否则便不能有效地控制后续管道压力的增长，起不到超压安全保护的作用。

3. **超压安全切断阀**

通过感应调压器出口的压力状况，在出口压力超过管道运行压力的额定值时，利用管道内的燃气本身具有的压力，将燃气进行切断，这是一种更好的防超压安全技术。这一过程由超压安全切断阀来完成。管道压力正常时，手柄的方向处于介质的运动方向，阀门处于开启状态。压力传感器与管道内的燃气相连，当管道内的燃气压力升高到阀门的切断压力时，阀门内维持开启状态的锁扣脱开，阀门关闭，切断燃气的供应，手柄处于垂直于燃气运动方向的位置。在确定系统的设备故障确已消除后，采用人工的方法加以复位，系统恢复正常供气。

4. **自动降温装置**

对于装有蒸汽压随温度变化明显的液态物质的容器，比如液化石油气储罐，罐内的超压是由温度升高引起的，这些介质的压力对温度的敏感性极强。在意外升温的场合，如当发生火灾时，安全阀的泄压可能是不起作用的，而泄压的排放物有可能成为另一个爆炸源，这时，采用自动降温装置是非常有效的。

当罐区温度升至某一危险值时，温度感应装置控制水泵的启动，使水通过设置在储罐上的喷淋装置喷洒到罐体上，降低储罐的温度，防止罐内的压力上升。

第三节　静电消除及安全切断技术

一、静电消除技术

（一）静电的防护方法

《城镇燃气设计规范》（GB 50028－2006）对燃气管道及设备的防雷、防静电设计提出下列要求：进出建筑物的燃气管道的进出口处，室外的屋面管、立管、放散管、引入管和燃气设备等处应有防雷、防静电接地设施。

静电防护的方法可以分为两类：第一类是防止相互作用的物体静电的积累。这类方法有：将设备的金属件和导电的非金属接地；增加电介质表面的导电率和体积导电率。第二类不能消除静电荷的积累，而是事先预防不希望发生的情况和危险出现。如在工艺设备上安装静电中和器，或者是工艺过程中的静电放电发生在非爆炸性介质中。

（二）静电接地

静电接地就是用接地方法提供一条静电荷泄漏的通道。实际上，静电的产生和泄漏是同时进行的，是给带电体输入和输出电荷的过程。物体上所积累的静电电位，在对地的电容一定时，取决于物体的起电量和泄漏之差。显然，接地加速了静电的泄漏，从而可以确保物体静电的安全。

可以引起火灾、爆炸和危及安全场所的全部导电设备和导电的非金属器件，不管是否采用了其他的防止静电措施，都必须接地。

静电接地的电阻大小取决于收集电荷的速率和安全要求，该电阻制约着导体上的电位和储存能量的大小。

在空气湿度不超过60%的情况下，非金属设备内部或表面的任意一点对大地的流散电阻不超过107 欧姆均认为是接地的。

防止静电接地装置通常与保护接地装置接在一起。尽管107欧姆完全可以保证导出少量的静电荷，但是专门用来防静电的接地装置的电阻仍然规定不大于100欧姆。在实际生产中，包括管路、装置、设备的工艺流程应形成一条完整的接地线。在一个车间的范围内与接地的母线相接不少于两处。

液化石油气储配站工艺中有许多需要防止静电的地方。

（三）静电中和

静电中和器是一种结构简单的防静电装置，是由金属、木质或电介质制成的支撑体，其上装有接地针和细导线等。

（四）降低工艺过程的速度

通过管道输送的液态液化石油气，为保证其输送至储罐的过程中是安全的，应该控制液体在管道中的流速。

二、安全切断技术

当事故发生时，与事故现场相邻的管道和设备会处于危险状态，或者管道和设备本身也是可能导致事故扩大的另一种因素，采用安全切断的方法可以降低事故的扩散性。因此，在许多系统中，采用安全切断技术作为安全保证措施是必要的。

（一）紧急切断系统

高压管路的紧急切断系统由紧急切断装置和危险参数感应装置构成，系统中使用的主要设备是紧急切断阀和易熔合金塞。

危险参数的感应装置通常使用易熔合金塞，用它感应危险场所的温度。它设置在危险场所的紧急切断阀的油路上。

通常将熔点在200℃以下的金属称作低熔点合金、易熔合金或可熔合金。利用易熔合金的这种性质，当火灾导致温度上升时，将金属融化而使紧急切断阀的高压油路泄压，实现紧急切断。

在需要紧急切断的系统中，也可以采用电磁阀和电动液压阀。电磁阀广泛用作控制阀和紧急切断阀。

在燃烧系统中用于控制燃烧气源的电磁阀，对于阀口的密封力，一般不小于14千帕。通电时，电磁阀关闭，电机运转，设置在其中的油泵使油通过止回阀。油作用在膜片上，油压克服弹簧的压力而使阀门开启，直到被限位行程开关阻止和电极停止运转。电磁阀继续保持通电直至电流切断，此时电磁阀开启，使油从膜片上部的高压区流到油槽里。在所有的圆盘式阀中都采用软面阀，以保证闭合严密。

（二）熄火保护系统

正常的燃烧过程在意外终止时，产生爆炸事故的可能性是非常大的。一种情况是点火失败后如果燃气供应不被终止，在点火时便会发生爆炸；另一种情况是由于燃烧不稳定导致火焰熄灭，如不及时关闭燃气通路，燃气在燃烧室的积聚会导致爆炸事故的发生。

因此，燃烧设备或燃烧系统都必须安装熄火保护系统。熄火保护系统中使用的熄火保护装置，一般应符合下列要求：①保证燃烧器正确的点火程序；②在小火点燃以前，确保燃气不流向主燃烧器；③在主燃烧器点燃之前，确保燃气不以满负荷状态流向主燃烧器；④不存在任何固有的缺陷，只要正确的组装，就不会因保护装置失效而造成危险；⑤在火焰意外熄灭时，中断向燃烧器供气，然后要求手动复位。

1. 热控式熄火保护装置

热控式熄火保护装置常用于家用燃具，可以是热胀控制式的，如双金属片型、液体膨胀型等，也可以是热电控制式的，如热电磁阀和热偶继电装置、直流电磁阀等。

2. 紫外线火焰检测器

灼热的炉壁是不会发出紫外线的，因此检测火焰紫外辐射是判断火焰存在的确证。紫外线的其他唯一来源是点火用的火花，因此必须将连续发出电火花的点火器屏蔽起来。紫外线会被某些蒸汽特别是芳香烃蒸汽吸收，因此必须将检测器安装于靠近火焰的适当位置。

3. 火焰电离检测器

火焰中存在电离微粒，因此可以将火焰作为导电体或用火焰离子把交流电整流来对火焰进行检测。现在已经有了利用火焰电离原理进行检测的电子电路。但无论是把火焰作为导体还是利用火焰离子整流，都必须把探头放入火焰中，因此应在探头上覆盖一层耐高温的材料，通常使用铂。但还是有可能在探头上积累炭黑或灰分，产生短路电流。

这种检测器包括一个置入火焰的探头和一个电子放大器，一般适用于民用燃气用具的熄火保护系统中。

（三）建筑物燃气安全系统

1. 设置安全报警系统的目的

当燃气供应系统设计完成后，为确保系统安全，必须辅以燃气的安全报警和自动控制系统，设置该系统的主要目的：

①当燃气供应系统发生泄漏和故障时，能部分或全部地切断电源。

②当发生自然灾害时，系统自动切断进入建筑物内部的总气源。

③当建筑物安保防灾中心认为必要时，对局部和全部气源进行控制或切断。

④对建筑物燃气供应系统的运行状况进行检测和控制。

⑤确保燃气供应系统运行工况正常，安全可靠。

2. 安全报警系统设计的注意事项

①所有燃气供应系统有关的安全报警和紧急切断阀的位置、编号，均应接至大楼的安保防灾中心。

②防灾中心能及时清晰地显示工作状态。

③通风时，所有的通风机和电磁阀的位置、编号均应接至大楼的安保防灾中心，并能及时清晰地显示其工作状态。

④防灾中心应能清晰地显示紧急切断阀及其对应的安全报警器和它们所服务的区域。

⑤防灾中心应能清晰地显示电磁阀及其对应的通风机和它们所服务的区域。

第四节　爆炸泄压及火焰隔离技术

一、爆炸泄压技术

爆炸泄压技术是一种对于爆炸的防护技术，其目的是减轻爆炸事故所产生的影响。爆炸泄压对于爆轰的防护是不起作用的。在许多工程领域，意外的爆炸有时不可避免，但可以将爆炸产生的危害控制在较小范围之内。

在密闭或半敞开空间内产生的爆炸事故，包围体的破坏会造成更大的伤害，所谓泄压防爆就是通过一定的泄压面积释放在爆炸空间内产生的爆炸升压，保证包围体不被破坏。例如，在燃气工程中，区域调压室、压缩机房等燃气设施都建设在建筑内，尽管在发生爆炸的情况之下室内设施难以保全，但可以通过泄压防爆的方法保护建筑物本身的安全。

泄爆装置既可以用来封闭设备或包围体，又可以用来泄压。封闭设备或包围体不会使其因漏气而不能正常工作，泄压又可以在爆炸产生时降低爆炸空间的压力，保证包围体的安全。泄爆装置与设施通常分为敞口式和密封式。敞口式包括全敞口式、百叶窗式和飞机库门式；密封式则包括爆破门式和爆破模式。

非设备的泄爆采用敞开式结构的较多。标准敞口泄爆孔是无阻碍、无关闭的孔口，通常是最有效的。许多危险建筑的防爆设计都采用这样的方式。

非敞开结构的泄爆装置在建筑上使用较多的是轻型爆破门。这种门的开启

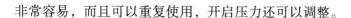

非常容易，而且可以重复使用，开启压力还可以调整。

特殊生产工艺中的设备泄爆，采用密封式的居多，其中主要包括泄爆膜、泄爆片和爆破门。

二、火焰隔离技术

火焰隔离技术通常是采用一些火焰隔断装置，防止火焰蹿入有爆炸危险的场所，如输送、储存和使用可燃气体或液体的设备、管道、容器等，或者防止火焰向设备及管道之间扩散。这些装置有安全液封、水封井、阻火器等。

1. 安全液封与水封井

安全液封采用液体作为阻火介质，液封的两侧任何一侧着火之后，火焰都会在液封处熄灭，从而可以阻止火焰蔓延。安全液封采用的介质通常是水，其形式有开敞式和封闭式两种。

（1）安全液封

开敞式和封闭式安全液封通常使用在操作压力低的场所，一般不会超过0.05MPa。

安全液封在使用时应特别注意保持液位的高度，如果是用水作为液封的介质，还应防止冻结。

在封闭式液封工作时，可能由于使用的介质中含有黏性油质，使阀门的阀座受到污染并影响其关闭性能，故应经常检查阀门的气密性。

（2）水封井

排放液体中如果含有可燃气体或可燃液体的蒸汽，则在管路的末端应该设置水封井，这样可以防止着火或爆炸蔓延到管道系统中。

2. 阻火器

阻火器广泛用于输送可燃气体的管道、有爆炸危险系统的通风口、油气回收系统以及燃气加热炉的供气系统等。阻火器的设计充分应用了燃气的猝熄原理，火焰通过狭小的孔口或空隙时，由于散热和器壁效应的作用使燃烧反应终止，起到了火焰隔离的作用。

阻火器根据形成狭小孔隙的方法和材料的差别，大致有以下分类。

①金属网阻火器。阻火器的阻火层由单一或多层不锈钢、铜丝网重叠起来组成。随着金属网层的增加，阻火的功能也随之增加。但达到一定的层数之后，层数增加的阻火效果并不显著。

金属网的目数直接关系到金属网的层数和阻火性能。一般而言，目数越多，所用的金属网层数越少，但目数的增加会增加气体的流动阻力且容易阻塞。

②波纹金属片阻火器。由交叠放置的波纹金属片组成的有正三角形孔隙的方形阻火器，或是将一条波纹带与一条扁平带绕在一个芯子上做成的圆形阻火器。带的材料一般为铝，也可采用铜或其他金属，厚度为 0.05 ~0.07mm，波纹带的正三角形孔隙高度为 0.43mm。

③充填型阻火器。这种阻火器的阻火层以沙砾、卵石、玻璃球或铁屑作为填料，堆积于壳体之中，在充填料的上面和下方分别用 2mm 孔眼的金属网作为支撑网架，这样壳体内的空间被分割成许多细小的孔隙，以达到阻火的目的。

砾石的直径一般为 3 ~4mm，也可采用玻璃球、小型的陶土环形填料、金属环、小型玻璃管及金属管等。在直径 150mm 的管内，阻火器内填充物的厚度视填料的直径和可燃气体的猝熄直径而定。

第三章

燃气安全维护与抢修

本章介绍了燃气生产过程中可能存在的危险因素，通过对其进行检查、检修、抢修等，消除隐患，以确保生产安全。对燃气的安全生产检查，主要从检查的基础内容、基本形式、方法、程序等方面进行了介绍；对燃气的安全检修，主要从检修的安全管理、检修作业、装置的安全停开车等方面进行了介绍；对燃气的抢修，主要从成立突发事故处理小组、制订救援预案及预案的实施和演练等方面进行了介绍。

第一节　燃气安全生产检查

安全生产检查是指对生产过程及安全生产管理中可能存在的隐患、危险因素及缺陷等进行查证，以确定隐患、缺陷的存在状态，以及它们转化为事故的条件，进而制订整改措施，消除隐患，确保生产安全。

一、安全生产检查的目的与作用

安全生产的核心是防止事故发生，事故发生的原因可归结为人的不安全行为、物（包括生产设备、工具、物料、场所等）的不安全状态和管理上的缺陷三方面因素。预防事故就是从防止人的不安全行为、防止物的不安全状态和完善安全生产管理三方面因素着手。生产是一个动态的过程，正常运行的设备可能会出现故障，人的操作受其自身条件（安全意识、安全知识与技能、经验、健康与心理状况等）的影响，可能会出差错，管理也可能会有失误，如果不能及时发现这些问题并加以解决，就可能导致事故，所以必须及时了解生产中人和物以及管理的实际状况，以便及时纠正人的不安全行为、物的不安全状态和管理上的失误。安全生产检查的目的就是及时地发现这些事故隐患，并采取相应的措施消除这些事故隐患，从而保障生产安全进行。

二、安全生产检查的基本内容

安全生产检查主要针对事故原因三方面因素进行。

（一）检查人的行为是否安全

检查相关人员是否有违章指挥、违章操作、违反安全生产规章制度的行为。重点检查危险性大的生产岗位是否严格按操作规程作业，危险作业是否按审批程序执行等。

（二）检查物的状况是否安全

主要检查生产设备、工具、安全设施、个人防护用品、生产作业场所以及危险品运输工具等是否符合安全要求。例如，检查生产装置运行时工艺参数是否控制在限额范围内；检查建（构）筑物和设备是否完好，是否符合防火防爆要求；检查监测、传感、紧急切断、通风、防晒、防火、灭火、防爆、防毒、防潮、防雷、防静电、防泄漏、防护围堤和隔离操作等安全设施是否符合安全运行要求；检查通信和报警装置是否处于正常状态；检查生产装置与储存设备的周边防护距离是否符合规范规定；检查应急救援设施与器材是否齐全、完好等。

（三）检查安全管理制度是否完善

检查安全生产规章制度是否建立健全，安全生产责任制是否落实，安全生产管理机构是否健全，相关管理人员是否配备齐全；检查安全生产目标和计划是否落实到各部门、各岗位，安全教育和培训是否经常开展，安全检查是否制度化、规范化；检查对发现的事故隐患是否及时进行整改，实施安全技术与措施计划的经费是否落实，事故处理是否坚持“四不放过”原则等方面的管理工作。

重点检查的内容：是否按规定取得燃气充装资格证（或生产经营许可证），特种设备和气瓶是否按规定进行注册登记，压力容器、压力管道及各种安全附件定期检验是否合格且在检验有效期限以内；特种作业人员是否经过专门培训并经考试合格取得上岗证；防雷与防静电设施是否齐全完好并检验合格、有效；防火、灭火器材及消防设施是否齐全完好且检验合格；是否制订了事故应急救援预案并定期组织救援人员进行演练。

三、安全生产检查的基本形式

（一）经常性安全检查

经常性安全检查是采取个别的、日常的巡视方式来实现的。在生产经营过程中进行经常性的预防检查，能及时发现安全隐患并将其消除，保证生产正常进行。

（二）定期安全检查

定期安全检查一般通过有计划、有组织、有目的的形式来实现，如次/周、次/月、次/季、次/年等。检查周期根据各单位的实际情况来确定。定期检查涉及面广，有深度，能及时发现并解决问题。

（三）季节性、节假日前安全检查

根据季节变化，按事故发生的规律，对易发的潜在危险，突出重点进行检查。如冬、春季防冻保温，夏季防暑降温、防台风、防雷电，秋季防旱、防火等检查。由于节假日（特别是重大节日，如元旦、春节、劳动节、国庆节）前后容易发生事故且影响重大，因此也应进行有针对性的安全检查。

（四）专项（业）安全检查

专项安全检查是针对某个专项问题或在生产中存在的普遍性安全问题进行的单项定期检查，如针对燃气生产的在用设备设施、作业场所环境条件的管理或监督性定期检测检验等。专项检查具有较强的针对性和专业性要求，可用于检查难度较大的项目。通过检查发现潜在问题，研究整改对策，及时消除隐患。

（五）综合性安全检查

一般是由主管部门对下属各生产单位进行的全面综合性检查，必要时可组织进行系统安全性评价。

（六）不定期的职工代表巡视安全检查

由企业工会负责人组织有关专业具有技术特长的职工代表进行不定期的巡视安全检查。重点检查国家安全生产方针、法规的贯彻执行情况；检查单位领导及各岗位生产责任制的执行情况；检查职工安全生产制度的执行情况；检查事故原因、隐患整改情况，对事故责任者提出处理意见等。

四、安全生产检查方法

（一）常规检查法

常规检查一般由安全管理人员作为检查工作的主体，到作业场所的现场，通过“眼看、耳听、鼻闻、手摸”的方法或借助一些简单工具、仪表等，对作业人员的行为、作业场所的环境条件、生产设备设施等进行的定性检查。安全检查人员通过这一手段及时发现现场存在的不安全因素或隐患，采取措施予以消除，纠正施工人员的不安全行为。

（二）安全检查表法

安全检查表是为了系统地找出生产过程中的不安全因素，事先对系统加以剖析，列出各层次的不安全因素，确定检查项目。把检查项目按系统的组成顺序编制成表，以便进行检查或评审，这种表就称为安全检查表。安全检查表应列举需查明的所有会导致事故的不安全因素，并应注明检查时间、检查者、直接责任人等，以便分清责任。安全检查表的设计应做到系统全面，检查项目应明确。

（三）仪器检查法

设备内部的缺陷及作业环境条件的真实信息或定量数据，只能通过仪器检查法进行定量化的检验与测量，才能发现安全隐患，从而为后续整改提供可靠信息。因此必要时需进行仪器检查。由于被检查对象不同，检查所用的仪器和手段也各不相同。

五、安全生产检查的程序

（一）安全生产检查准备

安全生产检查准备工作包括以下主要内容：

①确定检查对象、目的和任务；

②查阅、掌握有关法规、标准、规程的相关要求；

③了解检查对象的工艺流程、生产情况、可能出现危险的情况；

④制订检查计划，安排检查内容、方法和步骤；

⑤编写安全检查表或检查提纲；

⑥准备必要的检测工具、仪器、书写表格或记录本；

⑦精心挑选和训练检查人员，并进行必要的分工等。

（二）实施安全检查

实施安全检查一般通过访谈、查阅文件和记录、现场检查、仪器测量等方式获取相关信息。

①通过与有关人员谈话来了解相关部门、岗位执行规章制度的情况。

②检查相关文件、作业规程安全措施、责任制度、操作规程等是否齐全、有效，查阅相应记录，判断上述制度及措施是否被执行。

③到作业现场查找不安全因素、事故隐患等。

④利用一定的检测检验仪器设备，对在用的设备设施、器材状况及作业环境条件等进行测量，以发现安全隐患。

（三）通过分析作出判断

掌握情况之后，要进行分析、判断和检验。可凭经验、技能进行分析、判断，必要时可以通过仪器检验得出正确结论。

（四）及时作出决定并进行处理

作出判断后，应针对存在的问题作出采取措施的决定，即下达隐患整改意见和要求，包括按要求进行信息的反馈等。

（五）实现安全检查工作闭环

通过复查整改落实情况，获得整改效果的信息，以实现安全检查工作的闭环。

第二节　燃气安全检修

一、检修的安全管理

（一）燃气生产装置检修的特点

燃气生产装置在运行过程中，长期在高压、高温（或深冷）及其他一些荷载的条件下工作，易受到腐蚀介质的腐蚀或磨损，因此，燃气设备、管道、阀件、仪表等难以避免地会产生各式各样的缺陷及问题。有些是在运行中产生的，有些是由原材料或制造中的微型缺陷发展而成的，如果不能及早发现并采取一定的技术措施加以消除，任其发展扩大，就容易在继续使用的过程中发生变形、断裂、穿孔等问题，从而导致严重的事故。为了保证正常生产，防范安全事故的发生，必须加强对燃气生产装置的检测、保养和维修。

燃气生产装置的检修分为日常维修、计划检修和计划外检修三类。日常维修是生产装置在运行过程中，通过备用设备的更替来实现对故障设备的维修。计划检修是根据设备管理、使用的经验和生产规律，按计划进行的检修。根据计划检修的内容、周期和要求的不同，计划检修可分为小修、中修和大修。计划外检修是在生产过程中，设备突然发生故障而必须进行的检修。这种检修事先难以预测，无法安排检修计划，要求检修时间短、检修质量高，检修环境和工况条件复杂，其难度相当大。计划外检修虽然会随日常维修、检测管理技术和预测技术的不断完善和发展而日趋减少，但是在目前燃气生产装置运行中仍然不可避免。燃气生产装置检修具有频繁、复杂、危险性大等特点。计划检修和计划外检修的次数多，燃气生产、储存、运输和使用过程中使用的燃气设备、管道、阀件、仪表等，种类多，数量也大，结构和性能各异，要求从事检修的人员具有丰富的知识、技术和经验，熟悉和掌握不同设备的结构、性能和特点。检修中由于受环境、气候、场地的限制，多数要露天作业，有的还要在设备内作业，在地坑或井下作业，有时还要上、中、下立体交叉作业。燃气设备及管道系统可能发生故障和事故的概率大，因此，检修具有一定的危险性。此外，燃气具有闪点低、易燃易爆等危险性，燃气设备和管道中充满着燃气介质，而在检修中又离不开动火、入罐作业，稍有疏忽就可能发生火灾、爆炸等事故。

综上所述，不难看出燃气生产装置检修本身的重要性。实现燃气生产装置检修不仅要确保检修时装置的安全，防止各种事故的发生，保护相关人员的安全和健康，还要确保检修工作质量，为安全生产创造良好的条件。

（二）安全检修的管理

日常维修是在生产装置不停车的情况下，由设备操作人员或维修工来完成的，它属于日常安全生产管理的内容。因此，下面讨论安全检修时，主要是针对计划检修和计划外检修两类检修内容的。

无论是大修还是小修，计划检修还是计划外检修，都必须严格遵守检修安全技术规程及各项安全管理制度，办理各种安全检修许可证（如动火证、动土证等）的申请、审核和批准手续。这是燃气生产装置检修的重要管理工作。

1. 生产装置检修组织管理

燃气生产装置检修时应成立检修组织指挥机构，负责制订检修计划、调度和管理，合理安排人力、物力、运输和安全工作，在各级检修组织机构中要设立安全监督机构（或安全监督员）。各级安全负责人及安全监督员应与单位安全生产组织构成安全联络网。检修安全监督机构负责对安全规章制度的宣传教育、监督检查，办理动火、动土和检修许可证等。

燃气生产装置检修的安全管理工作要贯穿检修的全过程，包括检修前的准备，装置的停车、置换、检修、检查及验收等。

2. 检修计划的制订

在燃气生产过程中，各个生产装置是一个有机的整体，相互关联、紧密联系。一个装置的开、停车必然会影响其他装置的运行，因此装置的检修必须有一个全盘的计划。在检修计划中，根据生产工艺过程及公用工程之间的相互关联，规定各装置先后停车的顺序；停气、停电、停水的具体时间；何时排空（或点火炬）；还要明确规定各个装置的检修时间和检修项目的进度以及开车顺序。一般要制订检修方案并绘出检修计划图，在计划图中标明检修期间的作业内容，便于对检修工作的管理。

3. 检修前的安全教育

检修前的安全教育不但要有操作人员参加，还要有全体检修人员参加，不仅包括对本单位参加检修人员的教育，还包括对其他单位参加检修人员的教育。安全教育的内容包括检修安全制度和检修现场必须遵守的有关规定等。

检修安全管理有关规定包括：停车检修规定、进入限制空间作业规定、动火作业规定、动土作业规定、文明施工的有关规定及检修后开车的有关规定等。

检修现场的十大禁令包括：①不戴安全帽、不穿工作服和劳保鞋、不佩戴工作牌者，禁止进入现场；②穿拖鞋、凉鞋和高跟鞋者禁止进入现场；③饮酒者禁止进入现场；④在作业中禁止打闹或其他有碍作业的行为；⑤检修现场禁止吸烟；⑥禁止用汽油或其他化工溶剂清洗设备、机具和衣物；⑦现场器材禁止为私活所用；⑧禁止随意泼洒油品、化学危险品；⑨禁止堵塞消防通道、挪用或损坏消防器材与设备；⑩未办理作业许可证者，禁止进入现场施工。

对各类参加检修的人员都必须进行安全教育，并经考试合格后，方可参加检修作业。

4. 检修过程的安全检查

检修项目，特别是重要的检修项目，在制订检修方案时，必须针对检修项目内容确定安全技术措施。因此，安全监督管理人员在检修开工前，应按经批准的检修方案，逐项检查项目安全技术措施的落实情况。

检修所用的机具、设备及材料，如起重机具、电焊设备、检测设备、手持电动工具和检修所用的关键材料等，都要进行安全技术检查。检查合格后，由质量主管部门审查并发放合格证，合格标签应贴在机具设备及物料的醒目处以便安全检查人员现场查验。

在检修过程中，要组织安全检查人员到现场巡回检查，检查各施工人员是否认真执行安全检修的各项规章制度、规定和安全操作规程，检查检修人员是否持证上岗以及检查检修现场科学文明施工情况等。发现问题要及时纠正、解决，如发现严重违规行为，安全检查人员有权令其停止作业。

二、检修作业

凡涉及燃气工艺装置的检修作业（包括工程施工）都必须实行作业许可制度。作业许可指在危险区域进行检修时，必须按规定办理作业许可证，检修队伍与生产单位（建设方和承包方）双方负责人要在作业许可证上履行签字手续，检修时必须执行作业许可程序，其范围包括工艺管道与设备的检修、进塔入罐、电气作业、动火与动土作业、高处作业等。

（一）工作许可

在燃气生产装置区，凡涉及工艺管道及附属设施、设备、仪表等检修作业（通常指不涉及动火、动土、高处作业和进入限制空间作业的检修工作）的应办理工作许可证。工作许可证包含的基本内容有检修作业项目、地点和部位、起止时间、检修方法、作业危险性质、安全措施、检修单位与现场负责人、安全监护人及作业人员等。

（二）动火作业

在燃气生产装置区，凡动用明火或存在可能产生火种作业的区域都属于动火范围，如存在焊接、切割、打磨、喷灯加热、开凿水泥基础、打墙眼、电气设备耐压试验、金属器具的碰撞等热工作业。凡在燃气生产禁火区从事上述高温或易产生火花的热工作业，都应办理动火证，落实安全动火措施。

1. 禁火区与动火区

在生产正常或不正常情况下，有可能形成爆炸性混合物的场所和存在易燃、可燃物质的场所为禁火区，如燃气储罐区、装卸作业区、燃气机泵房与调压站等。

根据发生火灾、爆炸危险性的大小、所在场所的重要性以及一旦发生火灾爆炸事故可能造成的危害大小，可将禁火区划分为一般危险区和危险区两类。

在燃气输配的门站、储配站等场站内，为了满足正常的设备检修需要，可在禁火区外符合安全条件的区域设立固定动火区进行动火作业。设立固定动火区的条件是动火区距燃气禁火区的安全间距必须符合现行相关的规定。在任何气象条件下，固定动火区域的可燃气体含量应在允许范围以内。生产装置正常运行时，燃气不应扩散到动火区。一旦出现异常情况且可能危及动火区时，应立即通知动火区停止一切动火作业。

动火区若设在室内，应与防爆区隔开，不准有门窗串通。允许开的窗、门都应向外开，各种通道必须畅通无阻。

动火区周围不得存放易燃易爆及其他可燃物质，检修所需的氧气、乙炔等在采取可靠安全措施后可以存放。动火区应配备适用的、足够数量的灭火器材。动火区要有明显的标志。

2. 动火制度

在动火区进行动火作业，检修单位在动火前应办理动火证申请，明确动火地点、时间、作业内容、安全技术措施、现场负责人、动火人及监火人等。

动火作业许可证必须由相应级别的审批人审批后才有效。动火审批事关重大，直接关系到设备和人身安全，动火时的环境和条件千差万别，要求审批人必须熟悉生产现场情况并具有丰富的安全技术知识和实践经验，有强烈的责任感。审批人必须对动火现场的情况有深入的了解，审时度势，考虑周全。审批动火证时，要认真考虑以下因素：对动火设备本身必须吹扫、置换、清洗干净，进行可靠的隔离；管道设备内的可燃气体分析及进罐作业的氧含量分析应合格；检查周围环境无泄漏点，地沟、下水井应进行有效的封挡；清除动火点附近的可燃物，环境空间要进行测爆分析；有风天气要采取措施，防止火星被风吹散；高空作业时要防止火花四处飞溅；室内动火时应将门窗打开，注意通风；动火现场要有明显标志，并备足适用的消防器材；检查动火作业人员的安全教育及持证上岗情况。

动火人和监火人应持证动火和监火，并在动火前做到“三不”：没有动火证不动火，防火措施不落实不动火，监火人不在现场不动火。动火中做到“四要”：动火作业过程始终要有监火人在现场，动火时一旦发现不安全苗头要立即停止动火，动火作业人员要严格执行安全操作规程，动火作业要严格控制动火期限（过期的动火证不能继续使用，需重新办理）。动火后做到“一清”：动火作业完毕应彻底清理现场，灭绝火种。动火作业时，动火人员要与监火人协调配合，在动火中遇到异常情况，如生产装置紧急排放或设备、管道突然破裂、燃气外泄时，监火人应立即下令停止动火。待恢复正常、重新分析合格并经原批准动火单位同意后，方可动火。

动火分析（对动火现场周围环境及动火设备的可燃气体进行分析）不宜过早，一般应在动火前半小时内进行，若动火间断半小时以上，应重新分析。高空作业动火时，应注意防止火花四处飞溅，对重点设备及危险部位应采取有效保护措施。

（三）动土作业

在燃气门站、储配站等场站内，地下管道纵横交错，有很多地下设施（如阀井），往往还埋有动力、通信和仪表等不同规格的电缆。在检修时若要动土作业（如挖土、打桩），可能会影响地下设施的安全。如果没有一套完整的管理办法，在不清楚地下设施的情况下随意作业，可能会挖断地下管道、刨穿电缆，或造成地下设施塌方毁坏等事故，不仅会导致停产，还可能造成人身伤亡或火灾爆炸事故。

凡是在门站、储配站等场站内进行动土作业（包括重型物资的堆放和运输），检修单位（或施工单位）在作业前应持检修项目批准书和检修图纸等资料，到相关主管部门申办动土证。动土证上应写明检修（或施工）项目、时间、地点、联系人等。

检修中如需开挖站区道路，除动土主管部门签署意见外，还要请安全部门、保卫部门等单位会签并通知消防部门，以免在执行消防任务时因道路施工而延误时间。

检修单位应按经批准的动土证，在规定的时间、地点按检修方案进行作业。作业时必须明确安全注意事项。检修完毕后应将完工资料交与管理部门，以保持燃气企业隐蔽工程资料的完整和准确。

动土作业在接近地下电缆、管道以及埋设物的附近施工时，不准使用大型机械挖土，手工作业时也要小心，以免损坏地下设施。当地下设施情况复杂时，应与有关单位联系，协调其配合作业。在挖掘时发现事先未预料到的地下设施或出现异常情况，应立即停止施工，报告有关部门处理。检修单位不得任意改变动土证上批准的各项内容及检修施工方案。如需变更，需按变更后的方案或图纸重新申办动土证。

在禁火区或危险性较大的区域内动土时，部门应派人监护。出现异常情况时，检修施工人员应听从监护人员的指挥。开挖没有边坡的沟、坑、池时，必须根据挖掘深度的需要设置支撑，并注意排水。如发现土壤有坍塌可能或滑动裂缝时，应及时撤离人员，在采取措施妥善处理后，方可继续施工。挖掘沟、坑、池及开挖道路时，应设置围栏和标志，夜间设红灯（危险区要采用防爆灯），防止行人或车辆坠落。

（四）高处作业

在离地面垂直距离2m以上位置的作业，或虽在2m以下，但在作业地段存在坡度大于45°的斜坡，或附近有坑、井，有风雪袭击、机械振动的地方以及转动机械，或有堆放易伤人的物资地段作业，均属高处作业，都应按照高处作业的规定执行。

高处作业人员需经体检合格才能上岗，身体患有高（或低）血压、心脏病、贫血病、癫痫病、精神病、习惯性抽筋等疾病和身体不适、精神不振的人员都不应从事高处作业。严禁酒后登高作业。大雾、大雨、雪及五级以上大风气候条件下，不准进行高处作业。

高处作业应在固定的平台上进行，固定平台应有固定扶手或人行道。否则，必须使用安全带等防坠落保护装置。高处作业用的脚手架、吊篮等必须按有关规定架设，严禁用吊装机载人。高处作业用的工具、材料等物品禁止抛掷，应摆放稳妥，防止坠落，高处作业的下方不准站人。高处作业时，一般不应垂直交叉作业。若因工序原因必须上下同时作业，则应相互错开位置，上方人员应注意下方人员安全。

高处作业必须严格遵守高处作业操作规程，并落实警戒和监护措施。夜间作业时需有安全照明。

三、装置的安全停、开车

（一）装置的安全停车

燃气生产装置在检修或定期检验前要进行安全停车。在停车过程中，要进行降压、倒空或排空、吹扫、置换等工作。由于装置中各系统关联密切，各工序和各岗位环环相扣，如果考虑不周、组织不好、指挥不当、操作失误，很容易发生安全事故。因此，装置停车工作进行得好坏直接关系到装置的安全检修。

1. 停车前的准备工作

装置停车应结合检修的特点和要求，制订停车方案。其主要内容应包括：停车时间、步骤，设备管线倒空、吹扫、置换流程，抽堵盲板系统图。此外，还要根据具体情况制订防堵、防冻措施，对每一个步骤都要有时间和应达到的指标要求，并有专人负责。停车方案应经生产单位技术负责人或总工程师签署生效，根据检修工作内容和检修方案的要求，合理调配人员，做到分工明确，责任落实到人。在检修期间，生产单位除派专人配合检修单位作业外，中控室及各生产岗位都要有人坚守。

在停车检修前要进行检修动员和技术交底，使每一个职工都明确检修任务、进度和要求，熟悉停、开车方案，保证检修工作顺利进行。

2. 停车操作

停车应按照停车方案确定的时间、步骤、工艺参数变化的幅度有秩序地进行。在停车过程中降温、降压速度不宜过快，尤其是在高压、高温或深冷条件下，压力、温度的骤变会引起设备和管道的变形、破裂或泄漏，从而引起火灾爆炸事故。开关阀门的操作一般要缓慢进行，尤其是在开阀门时，开启阀杆的头两扣后要暂停片刻使物料少量通过，观察物料畅通情况，然后再逐渐开大，直至达到要求为止。装置停车时，设备及管道中的气、液相介质应尽量倒空或吹扫干净，对残存燃气的排放，应采取相应的安全技术措施，不得随意排空或排入下水道中。

3. 抽堵盲板

燃气生产装置（特别是大型的燃气门站、储配站）之间都有管道相连通。停车受检的设备必须与运行系统或物料系统进行隔离，这种隔离只靠关闭阀门是不安全的，因为阀门受长期的介质冲刷、腐蚀、结垢等影响，难以保证严密性。一旦发生内漏，燃气或其他有害介质会窜入受检设备中导致意外事故。安全可靠的办法是将受检设备与运行设备相连通的管道用盲板进行隔离。装置开车前再将盲板抽掉。根据管道的口径、系统压力及介质的特性，选择有足够强度的盲板。盲板应留有手柄，便于抽堵和检查。加盲板的位置，应在有物料来源的阀门后部法兰处，盲板两侧均应有垫片，用螺栓紧固，保证其严密性。

抽堵盲板工作既存在危险性，技术上又较为复杂，必须由熟悉生产工艺的人员严加管理，根据装置的检修计划，制订抽堵盲板流程图，对需要抽堵的盲板统一编号，注明抽堵盲板的部位和盲板的规格，并指定专人负责作业和现场监护。对抽堵盲板的操作人和监护人要进行安全教育，交代安全防范措施。

抽堵盲板时，高处作业要搭设脚手架，操作人员要系安全带，作业点周围不得动火，使用的照明灯必须选用防爆型且电压要小于36V，使用的工具必须为防爆型，防止作业时产生火花。拆卸法兰螺栓时要小心操作，防止系统介质喷出伤人。

抽堵盲板的检查记录应对抽堵盲板逐一登记，并对照抽堵盲板的流程图进行检查核实，防止漏堵或漏抽。

4. **置换、吹扫和清洗**

为了保证检修动火和罐内作业的安全，检修前应对设备内的可燃气体进行倒空，对管道内的液相介质进行抽空或扫线，然后用惰性气体或水进行置换。对积附在器壁上的残渣、污垢要进行刮铲和清洗。

（1）置换

受检设备及管道中的燃气置换，大多采用氮气等惰性气体作为置换介质，也可以采用注水排气法将可燃气体排出。对用惰性气体置换过的设备，若需进罐作业还必须用空气将惰性气体置换掉以防人员窒息。根据置换和被置换介质相对密度的不同，选择确定置换和被置换介质的进出口和取样部位，若置换介质的相对密度大于被置换介质的相对密度，应由设备或管道的最低点输入置换介质，由最高点排出被置换介质，反之，则应改变其方向以免置换不彻底。取样点宜设置在顶部及易产生死角的部位。用注水排气法置换气体时，一定要保证设备内充满水以确保将被置换气体全部排出。置换出的可燃气体应排至火炬或安全场所。置换后应对设备内的气体进行分析，检测可燃气体浓度和氧含量。

要求可燃气体浓度小于0.2%，氧含量为19.5%～23.5%，有毒气体浓度在国家卫生标准允许范围内。

（2）吹扫

由于受检设备和管道内的可燃气体难以完全抽空倒净，一般可利用蒸汽或惰性气体进行吹扫来清除，这种方法称为扫线，也是置换的一种方法，特别适用于管道的吹扫。扫线作业应根据停车方案中规定的扫线流程图，按管段号和设备号逐一进行，并填写登记表。登记表上应注明管段号、设备号、吹扫压力、进气点、排气点、操作人及监护人等。扫线结束时，应先关闭物料阀再停气，以防止管路系统介质倒流。设备管道吹扫完毕并分析合格后，应及时加盲板与运行系统隔离。

（3）清洗

对置换和吹扫都无法清除的油垢和沉积物可用蒸汽、热水、溶剂、洗涤剂或酸、碱溶液来蒸煮或清洗，有些还需人工铲除。因为油垢和沉积物如果铲除不彻底，即使在动火前设备内可燃气体浓度合格，动火时由于油垢、残渣受热分解出易燃气体，也可能导致着火爆炸。蒸煮或清洗时，应根据沉积物的性质选择不同的方法，如水溶性物质可用水洗或热水蒸煮；黏稠性物质可先用蒸汽吹扫，再用热水煮洗；对那些不溶于水或在安全上有特殊要求的沉积物，可用化学清洗的方法除去，如积附氧化铁、硫化铁类沉积物等。化学清洗时，应注意采取措施防止可能产生的硫化氢等有毒气体危害人体。常用的清洗方法是将设备内灌满水，浸渍一段时间，然后再人工清洗。如有搅拌或循环泵更好，这样可使水在设备内流动，这样既节省时间，又能清洗彻底。

5. **其他配套措施**

按停车方案在完成装置停车、倒空物料、置换、吹扫、清洗和可靠的隔离等工作后，装置停车即告完成。因为下水道与场站内各装置是相通的，其他系统中仍存在易燃易爆物质，所以，在装置检修之前还应对地面、明沟内的油污进行清理，封闭作业场地内全部的下水井盖和地漏，防止下水道系统有可燃气体外逸，也防止检修中的火花落入下水道中。对于有传动装置的设备或其他有电源的设备，检修前必须切断一切电源，并在开关处挂上标志牌。

对要实施检修的区域或重要部位应设置安全界标或围栏并有专人监护，非检修人员不得入内。操作人员与检修人员要做好交接和配合，设备停车并经操作人员进行物料倒空、吹扫等处理，经分析合格后可交检修人员进行检修作业。在检修过程中动火、动土及进入限制空间作业等均应按制度规定进行，操作人员要积极配合。

（二）试车验收

在检修项目全部完成和设备及管线复位后，要组织生产人员和检修人员共同参加试车和验收工作，根据规定分别进行耐压强度试验、气密性试验、置换、试运转、调试、负荷试车和验收。在试车和验收前应做好以下工作：盲板要按检修方案要求进行抽堵，并做好核实工作；各种阀门要正确就位，开关动作要灵活，并核实是否在正确的开关状态；检查各管件、仪表、孔板是否齐全，是否正确复位；检查电机及传动装置是否按原样接线，冷却及润滑系统是否恢复正常，安全装置是否齐全，报警系统是否完好。各项检查无误后方可试车。试车合格后，按规定办理验收手续，并有齐全的验收资料，其中包括：安装及检修记录、缺陷记录、试验记录（强度、气密性、空载、负荷试验等）、主要部件的探伤报告及更换件清单等。

试车合格、验收完毕，在正式投产前应拆除临时电源及检修用的各种临时性设施，撤除排水沟、井的封盖物。

（三）装置开车

装置开车必须严格执行开车操作规程。在接受物料之前，设备和管道必须进行气体置换，置换合格后方可接受进料。接受进料应缓慢进行，防止设备和管道受到冲击、震动。开车正常后检修人员才能撤离。最后，生产单位要组织生产和检修人员进行全面验收，整理资料，归档备查。

四、管道技术改造

燃气管道技术改造一般包括以下几个方面：较大数量的更换原有的管线；改变原有管线的公称直径，公称直径的改变将导致燃气介质的流速、流量、管道的应力与应变等一系列技术参数发生变化；埋地燃气管道的防腐系统改变；提高工作压力，有时工作压力的提高会使管道的管理级别发生变化；改变输送燃气的化学成分，输送燃气化学成分的变化会使得原有管道系统的环境因素发生变化；管道控制系统变化等。

燃气管道改造前要制订改造施工方案并经技术负责人批准，重要的技术改造方案必须经燃气主管部门总工程师审核批准。改造方案应包括施工平面布置图、施工组织、施工方法、施工进度、安全技术措施等内容。燃气管道改造工程施工应符合《城镇燃气输配工程施工及验收规范》（CJJ 33－2005）的规定。燃气管道改造工程施工质量必须经过自检、互检、工序交换检查和专业检验。凡不符合质量技术标准要求的必须按要求进行整改，直至检验合格。改造完工的管道应按管道安装竣工资料的内容要求，交接验收资料。

改造工程质量验收一般由使用单位组织，管道验收后应办理签字交接手续。燃气管道改造工程投运应按管道运行管理的相关要求进行。

第三节　燃气应急抢修

为了控制燃气事故的发生并将事故损失降到最低，城镇燃气供应单位应制订事故抢修制度和事故上报程序，确保燃气供应单位能在事故发生的第一时间获知事故情况，并能做到准确判断事故的原因，立即组织有效的抢修。

一、抢修的一般要求

①制订应急预案的目的是一旦发生突发性事故时能及时应对，尽可能控制事故的发展。考虑到事故的偶然性和人员的动态性，必须对应急预案涉及的有关人员和资料进行定期审核、完善和调整。

②调整完善应急预案有关资料周期。

③电话接听员要十分清楚所有抢修人员的工作时间和非工作时间的联系方式。

④员工应熟悉掌握应急预案的内容，公共假期期间，主管级以上人员必须事先报告去向与联系方式，并办理请假手续。

⑤在突发性事故信息发出后，所有接到指令的人员必须无条件服从，如15min内没有回应，应马上召集其他人员。

⑥任何人员未经单位授权，不得向外界发布任何与突发性事故相关的消息，以免造成不良影响。

⑦发生严重事故，本部门人员不足以应付抢险时，应及时与其他部门联系，请求人员支援以共同开展抢险。

⑧在抢险的同时，如安全条件允许，可以通过技术处理，尽可能减少损失，降低影响。

⑨所有应急抢险车辆、工具、材料必须完备无损并每天进行一次检查，做好记录。应准备常用抢险材料，如各种口径和材质的管材、零配件、快速接头、防腐胶带、黄油、生料带等。准备常用抢险工具、设备，包括汽车、照相机、管钳、钢钎、扳手、钢锯、空气呼吸器、防毒面具、灭火器、水桶、对讲机、警示灯、警示牌（带）、照明灯具、检漏仪、绞丝机，还有工作服、布手套、安全帽、长筒雨鞋、防护眼镜等。

二、突发性事故处理小组

不同级别的事故发生时，需要有不同的处理办法，因此，各公司、各部门均应设立突发性事故处理小组，成员包括：组长（部门经理）、组员（基层管理人员，如组别经理或主任）和现场抢修抢险人员（相关岗位员工）。组长在得到突发性事故报告后，应立即组织小组成员到达现场，对事故进行处理。

（一）组长的职责

当出现严重事故时，组长应立即到事故现场，与抢修抢险人员保持密切联系，下达事故处理意见和指示，全权控制、处理该突发性事故，并将事故处理进展情况向上级主管和总经理汇报，同时加强与其他部门的协调。其主要职责如下：

（1）对事故及可能的后果做出全面的评估并立即决定相应警报的级别，指挥处理事故。

（2）确定为严重突发性事故后，确保所需的外界应急抢险人员在接到通知后迅速到达现场，并视情况通知附近居民进行安全撤离和切断气源。在受影响地点，根据以下顺序指挥抢救工作：

①保障公众及现场人员的安全。

②减少对设施财物及环境的损害。

③降低物料的损失。

（3）在发生人员伤亡后，可通知客户中心组提供客户信息资料或让人力资源部提供员工资料，以联系其亲友，确保其得到妥善处理。

（4）确保现场抢险人员的数量与应到场人员的数量（记录数）相同。

（5）加强与现场公安消防抢险人员的联系。

（6）安排记录整个事故的发展及处理过程。

（7）在预计突发性事故处理时间需要4h以上时，需安排换班作业及提供食品。

（8）对不能在短时间内解决的事故，应向气象部门获取气候变化状况，以确定相关对策。

（9）当险情或事故处理完毕后，要尽快恢复受影响地区的正常供气。

（10）向上级主管及有关领导汇报，确定宣布突发性事故完全解决。

（11）尽可能妥善保存证物，以便将来调查事件起因及发生的情况。

（12）现场指挥或在现场工作时，应穿上印有现场指挥字样及公司标志的反光服装。

（二）组员职责

组员是事故现场相关工作的组织者和实施者，接到突发性事故发生的通知后，应立即赶到现场做出有效控制并与部门主管保持密切联系，如因特殊情况不能到达现场，应指定其他人员代替。其主要职责如下：

（1）评估突发性事故的情况及确定是否为严重事故，并提出是否立即启动、执行相应级别预案的意见。

（2）在受影响地点，根据先救人后救物和控制泄漏源的原则组织实施抢险，尽可能减少人员伤亡和财产损失。

（3）在公安、消防部门人员到达前，组织实施抢救和灭火工作。

（4）确保事故现场非抢险人员均已疏散撤离到安全场所，并积极在事故现场搜索、抢救伤亡者。

（5）加强与客户服务热线电话的联系，多渠道了解最新事故损失信息。

（6）在部门主管未到达之前，代其行使工作职能，确保已经召集的突发性事故抢险人员到场。

（7）向部门主管汇报所有已开展的工作的情况，并提供下一步处理意见和相关资料。

（8）妥善收集、保存现场物证和原始依据，以便对事故起因进行调查。

（9）对事故处理后的工作有深刻的认识并负责事故处理后的调查与事故总结报告。

（三）现场抢修抢险人员职责

现场抢修人员是现场抢险工作的主要力量之一，其职能如下：

（1）接受现场指挥的合理安排并积极参与抢修抢险工作。

（2）介绍并提供现场基本资料，协助现场指挥控制现场局面。

（3）查找并确定燃气事故源，并在可能的情况下，采取临时措施进行处理，降低事故风险。

（4）如确定要进行长时间抢险，需严格遵照安全规范制订并实施抢险计划，同时获取现场指挥批准。

（5）与现场指挥保持联系，随时汇报工作进度。

（6）向现场指挥汇报，请求人力或者技术支援。

（7）征得部门主管同意，积极恢复供气。

（8）积极协助做好事故的调查处理工作。

三、抢修应急救援预案

城镇燃气设施抢修应制订应急预案，并应根据具体情况对应急预案及时进行调整和修订。应急预案应报有关部门备案，并定期进行演习，每年不得少于一次。

（一）应急救援的基本任务

（1）抢救受伤人员是首要任务

接到事故报警后，应立即组织营救受伤人员，组织撤离或者采取其他措施保护危险区域内的其他人员。

（2）迅速控制危险源，并进行监测是重要任务

及时有效地控制气源，防止事故继续扩大。在控制气源的同时，对事故造成的危害进行分析、检测、监测，确定事故的危害区域、危害性质及危害程度。特别是对于发生在城市或人口稠密地区的燃气泄漏事故，应尽快组织抢险队与技术人员一起及时控制事故继续扩大。

（3）做好现场处理，消除危害后果

针对事故对燃气设施及周围造成的实际危害和可能的危害，迅速采取警戒、封闭等措施。

（4）查清事故原因，评估危害程度

事故发生后应及时调查事故发生的原因和事故性质，评估出事故的危害范围和危险程度。

（二）应急预案的实施

应急预案签署发布后，企业应广泛宣传应急预案，积极组织应急预案培训工作，使各类应急人员了解、熟悉或掌握应急预案中与其承担职责和任务相关的工作程序和标准内容。

企业应急管理部门应根据应急预案的需求，定期检查、落实本企业应急人员、设施、设备、物资的准备状况，识别额外的应急资源需求，保持所有应急资源的可用状态。

（三）应急预案的演练

为保证事故发生时能迅速组织抢修和控制事故发展，应急预案应定期进行演练。通过演练可以发现应急预案存在的问题和不足，提高应急人员的实际救援能力，使每一名应急人员都能熟知自己的职责、工作内容、周围环境，在事故发生时能够熟练地按照预定的程序和方法进行救援行动。通过演练检验应急过程中组织指挥和协同配合能力，发现应急准备工作的不足，及时改正以提高应急救援的实战水平。

应急演练必须遵守相关法律、法规、标准及应急预案的规定，结合企业可能发生的危险源特点、潜在事故类型、可能发生事故的地点和气象条件及应急准备工作的实际情况，制订演练计划，确定演练目标、范围和频次、演练组织和演练类型，设计演练情境，开展演练，组织控制人员和评价人员培训，编写演练总结报告等。

四、抢修作业

（一）抢修现场安全管理

作业现场安全监护包括对现场周围环境的监控、对作业人员的保护等，在抢修现场应特别注意下列问题：

（1）抢修人员应佩戴职责标志，到达作业现场后，应根据燃气泄漏程度确定警戒区，在警戒区内严禁明火，应管制交通，严禁无关人员入内。警戒区的设定一般根据泄漏燃气的种类、压力、泄漏程度、风向及环境等因素确定，同时应随时监测燃气浓度变化、一氧化碳含量变化、压力变化。

（2）警戒区设置一般可以布置警戒绳、隔离墩、警示灯、告示牌等。在警戒区内禁止火种、管制交通，除抢修人员、消防人员、救护人员以外，其他人员未经许可严禁进入。警戒区内严禁使用非防爆型的机电设备及仪器、仪表，如录像机、对讲机、电子照相机、碘钨灯等。

（3）抢修人员到达作业现场后，对中毒和烧伤人员必须及时救护，迅速将其转移到安全地区或送医院治疗。进入抢修作业区的人员应按规定穿防静电服、戴防护用具，包括衬衣、裤均应是防静电的，而且不应在作业区内穿、脱防护用具（包括防护面罩及防静电服、鞋），以免在穿、脱防护用具时产生火花。作业现场操作人员应互相监护。

（4）燃气泄漏后有可能进入地下建（构）筑物等不易察觉的地方，因此，事故抢修完成后，应在事故所涉及的范围做全面检查，避免留下隐患。如果有燃气泄漏点且又一时没有找到漏点，作为接报检查，抢修人员一定不能撤离现场，应扩大寻找范围，直至找到根源，处理之后才可撤离现场。

（二）管道泄漏抢修作业

抢修人员进入泄漏现场，应立即控制气源，驱散积聚燃气。严禁启闭电器开关，在室内应开启门窗加强通风。地下管泄漏时可挖坑或钻孔，散发聚积在地下的燃气，必要时可采取强制通风措施。抢修宜在降低燃气压力或切断气源后进行。液化石油气管泄漏抢修时，必须测试管道电位，并应有接地装置。液化石油气泄漏抢修时，应备有干粉灭火器等有效的消防器材，并应根据现场情况采取有效的方法消除泄漏，当泄出的液化石油气不易控制时，可用消防水枪喷冲稀释泄出的液化石油气。液化石油气泄漏区必须采取有效措施，防止液化石油气聚积在低洼处或其他地下设施内。

1. 泄漏点开挖要求

抢修人员应查阅管道资料，确定开挖点，当漏出的燃气已渗入周围建（构）筑物时，应及时清除；开挖深度超过 1.5m 时，应根据地质情况设置支撑，并设专人监护操作人员；深度超过 2.0m 时，应设便于上下的梯子或坡道；开挖修漏作业应配置防护面罩、消防器材。

2. **管道泄漏抢修**

管道泄漏抢修作业应注意以下几点：

（1）管道切割点两端安装阻气球时，应对阻气球做好保护，避免其损坏。

（2）管道带气开孔时，宜用黏土或其他填料嵌填切割线缝，以减少燃气泄出。

（3）拆、装盲板时，应在降压或停气后进行，操作人员应戴防护面具，系安全带，并有专人监护。

（4）聚乙烯管抢修必须进行有效的静电接地。燃气放散管应使用金属管道，严禁使用 PE 管。管道连接时，管内严禁有压力。电熔管件应完整无损，无变形及变色。

3. **用户室内燃气泄漏抢修作业**

接到用户泄漏报修后应立即派人检修。进入室内后应打开门窗通风、切断气源，在安全的地方切断电源，检查用户设施及用气设备，准确判断泄漏点，严禁明火查漏。

漏气修理时，应避免由于检修造成其他部位泄漏，应采取防爆措施，严禁使用可产生火花的铁器等工具进行敲击作业。

（三）场站泄漏抢修作业

1. **低压储气罐泄漏抢修**

低压储气罐泄漏点多发生在壁板、挂圈等处。检查和抢修人员采用燃气浓度检测仪或采用肥皂液、嗅觉、听觉来判断泄漏点。当发生大量泄漏造成储气量快速下降时，应立即打开进口阀门、关闭出口阀门，用补充气量的方法减缓下降速度。根据泄漏部位及泄漏量应采用相应方法堵漏，壁板修漏常用方法有粘接和焊接两种方法。

粘接方便、快捷，但胶粘剂时效较短，一般 2 年左右粘接失效且不适于裂缝和孔洞较大的修补。

焊接经济、快捷、有效。步骤如下：清除漏点周围的油漆和锈斑；准备补焊材料（形状与修补部位吻合；尺寸大小每边放大 50mm，壁厚不超过原壁板厚度的50%；材质与气柜材质相同)；焊补前先用黄泥或油灰临时堵漏，用胶粘剂或胶带贴牢或在裂缝周围敷上湿的石棉泥，之后贴上预制好的钢板，利用支架将其顶牢点固；焊接采用间断焊法，焊好一段冷却后再焊另一段。焊接时要预留气孔，有火苗蹿出属正常现象，待封焊时先行将火灭掉，用石棉泥堵住后快速焊拢即可。

焊接注意事项：配备适量的消防器材；始终保持气柜压力为正压，压力以各塔节相对稳定的自然压力为宜；燃气中氧含量小于1.0%，动火点周围滞留空间的可燃气体含量小于爆炸下限的20%为合格；作业区域应保持空气流通；施工现场严禁将工具、施工用料等掉入水槽内。

2. 液化石油气设施的抢修

液化石油气设施的抢修还应符合下列规定：站内出现大量泄漏时，应迅速切断站内气源、电源、火源，设置安全警戒线，采取有效措施，控制和消除泄漏点，防止事故扩大。因泄漏造成火灾后，除采取上述措施外，还应对未着火的其他设备和容器进行隔火、降温处理。

3. 调压站、调压箱泄漏抢修

调压站、调压箱发生泄漏时，应立即关闭泄漏点前后阀门，打开门窗或开启风机加强通风，故障排除后方可恢复供气。

调压站、调压箱由于调压设备、安全切断设施失灵等原因造成出口超压时，应立即关闭调压器进、出口阀门，并放散降压和排除故障。处理完毕后应检查超压程度：是否超过下游燃气设施的设计压力，如已超过就有可能对燃气设施造成不同程度的损坏。例如，超压送气有可能把用户的燃气表冲坏发生大面积的漏气，此时恢复供气是很危险的。所以，应对超压影响区内燃气设施进行全面检查，排除一切危险隐患后，方可恢复供气。

4. 压缩机房、气泵房燃气泄漏抢修

压缩机房、气泵房燃气泄漏时，应立即切断气源、电源，开启室内防爆风机排气通风，故障排除后方可恢复供气。

第四章

我国能源现状与节能

能源是中国国民经济和社会发展的重要物质基础，是中国崛起的动力。改革开放以来，随着国民经济的快速增长，我国能源需求增长较快，一些地区甚至出现了不同程度的能源紧张的局面。节约能源是在满足同一经济发展目标的前提下，能源投入少、环境污染也小的发展模式，是实现中国能源可持续发展的重要战略。

第一节　我国能源现状概述

一、世界能源的现状

能源的利用和开发推动了人类社会的发展。人类已从摩擦生热、利用薪柴发展到以煤炭、石油、天然气为主要的能源，并逐步进入研究和利用新能源的历史时期。

随着人类社会现代化的发展，能源消耗速度增长很快。从 1900 年到 1925 年，世界能源消耗增加一倍。1950 年比 1925 年增加 70%，1975 年是 1950 年能源消耗的三倍多。消耗的能源结构中，煤炭、石油、天然气等常规能源占 97% 以上。

从常规能源的储量和开采情况来看，能源问题已成为世界范围的重要问题，对各国来说不仅是一个经济问题，也是一个生存问题。日本、欧洲、美国等国家和地区，在不断受到能源危机冲击的情况下，对能源的合理使用和节约使用十分重视，都采取了相应的强制性措施。

二、世界能源形势和前景

当前世界能源的形势和前景，大致可归纳为以下几点。

（一）油、气比重仍居领先地位

随着世界各国工业水平的提高、科学技术的发展，不仅对能源需求越来越多，而且对它的实用价值要求也越来越高。能源的实用价值，取决于热值的大小。在新能源尚未被人类广泛利用之前，石油和天然气的热值最高，并有其他一些优点。因此，石油和天然气在能源消耗构成中，在一定时期内仍居于煤炭之上。

（二）煤炭工业在技术进步的基础上将会得到重新发展

在世界近代工业发展史上，煤炭工业是一个古老而又落后的工业部门。在今后的能源消费构成中，煤炭所占的比例会有一定程度的增加，这将主要通过煤炭工业的技术更新来完成。

（三）原子能发电将会有较大发展

利用原子能发电，不仅可以节省大量可用作化工原料的有机燃料，而且可以避免大量的燃料运输，减少对大气的污染，因此受到世界各国的普遍重视。

（四）新能源的利用在近期内不会占主要地位

就太阳能、地热能、潮汐能、风能及氢能等新能源的利用来说，在近期内不会占主要地位。因为在目前的科学水平下还有许多问题尚未解决，而且各项新能源的利用都要受到自然和地理条件的限制，成本较为昂贵，在今后相当长的时期内，只限于小规模使用。

三、我国常规能源资源情况及利用现状

从常规能源的总储量来看，我国是世界上拥有丰富能源资源的国家之一。但我国人口众多，从人均能源资源数量来看，并不丰富。

（一）能源储量

2006 年年底，我国煤炭资源量为 10345 亿吨，剩余探明可采储量约占世界的 13%，列世界第三位。已探明的石油、天然气资源储量相对不足，油页岩、煤层气等非常规化能源储量潜力较大。我国拥有较为丰富的可再生能源，水力资源理论蕴藏量折合年发电量为 6. 19 万亿千瓦时。

（二）能源结构

在能源消费总量中，原煤始终是我国能源生产和消费的主体，也是我国能源结构中最稳定的部分。长期以来，煤炭在能源生产和消费中始终占 70% 以上，为经济发展作出了巨大贡献。

（三）能源效率

能源效率是综合评价国家能源系统从一次能源投入、一次能源输送、加工、转换、中心电站转换、二次能源及直接使用的一次能源输送和分配、部门终端消费等各个环节和能源系统能源有效利用状况的综合指标。1982 年原国家计划委员会能源研究所专家应用能源系统描述模型（能源系统网络图）方法，分析计算出中国 1980 年能源效率为 25. 86%。1998 年采用同样方法分析计算出中国 1995 年能源效率提高到 34. 31%。在此基础上，中国有关研究机构的专家采用比较简易的方法，估算了中国 1989 年、1997 年、2000 年和 2002 年的能源效率，分别为 28%、31. 2%、33. 4%和 33. 4%。

（四）节能的目的和意义

节约能源是我国的一项基本国策，而钢铁、有色金属、化工、建材、印染、建筑、交通、电力等行业是我国能耗的主要行业，因此，这些行业应将节能政策的执行放在首要位置，贯彻落实国家对这些行业的节能方针政策，才能确保我国经济社会可持续健康发展。

（五）节能工作存在的问题

1. 对节能的重要性缺乏足够的认识

传统的粗放经营和依靠资源消耗来获得经济增长的观念根深蒂固，是向集约化、节能型发展的重要障碍。由于科学的干部政绩考核体系尚未完全建立，许多地方对干部的考核仍主要侧重于经济增长、招商引资等内容，加之现行财税体制方面的问题，一些地方片面追求经济发展，把 GDP 增长作为硬任务，把节能作为软指标，特别是一些市（地）和县（市）还不够重视，还没有制定节能减排总体性方案，责任不够明确，措施也不够具体。两个根本性转变和实现可持续发展的思想观念还未深入各级领导和全民的头脑中。节能降耗指标没有作为政府考核工作的硬指标。节能宣传与教育不足，大多数人尚未认识到我国能耗水平与发达国家存在巨大差距。

2. 节能法规体系尚未完善

1998年颁布实施了《中华人民共和国节约能源法》，但有法不依、执法不严的现象仍然存在，配套法规不完善，操作性上有待改进。节约能源法规定的许多基本制度没有落实。如节约能源法规定："固定资产投资工程项目的可行性研究报告，应当包括合理用能的专题论证。固定资产投资工程项目的设计和建设，应当遵守合理用能标准和节能设计规范。达不到合理用能标准和节能设计规范要求的项目，依法审批的机关不得批准建设；项目建成后，达不到合理用能标准和节能设计规范要求的，不予验收。"大家普遍反映，这一重要制度较难执行，有的产业甚至还没有制订出合理用能标准和节能设计规范。节约能源法中有关政府节能管理、用户合理用能、节能技术进步等内容，由于必要的配套法规和政策措施没跟上，有些规定难以执行。

第二节 燃气能源的重要性

一、燃气能源在现代化城市中的作用

（一）现代化城市必须发展城市燃气

城市现代化的标志，主要是城市基础设施的现代化，如电灯、自来水、交通及通信等，城市燃气也是其中不可缺少的一个组成部分。为此，世界各国都在多方面促进城市燃料的气体化。现在燃气使用的普及率和耗用量已被视为一个国家、一个地区、一座城市的经济及社会发展水平的重要象征。

发展城市燃气可以明显地获得节能效益、服务效益、环保效益。居民生活燃料如果直接燃煤，其热能利用率仅15%～18%。若以天然气或液化石油气供居民生活用，则热能利用率可达55%～60%。居民使用不同的燃料，其热能利用效率差别很大，即使是气体燃料，由于气源不同，利用效率也相差悬殊。

从提高热能利用效率的角度来看，天然气和液化石油气供应城市民用的作用最为显著。由于居民使用气体燃料可以提高热能利用效率，发展城市燃气事业必然会给国家带来节约能源消耗的效果。使用城市燃气可改善生活条件，大大减少家务劳动时间，居民厨房中不必堆放燃料并能大大减少煤和煤渣的运输量。

在某些工业生产上使用燃气，能提高产品产量、质量，收到明显的经济效益。由于气体燃料洁净稳定、燃烧完全、火焰容易控制，因此在玻璃制品的加工，织物的烧毛，精密锻造的少氧化、无氧化加热及有色产品的制造等工艺中，起着比电热和其他燃料更为优越，甚至无法替代的作用。此外使用燃气便于实现产品加工自动化，改善劳动强度、提高劳动生产率。发展城市燃气，可以保护城市环境、降低大气污染。城市大气污染物如 SO_2、CO、飘尘、降尘等，主要来源于煤的直接燃烧，苯并芘是煤的不完全燃烧产物。城市居民采用敞开式煤炉，排气不畅，烟尘扩散慢，低空污染严重。根据我国 30 个城市的调查，污染超过规定标准的现象很普遍，甚至有的超过数十倍，不能不引起重视，而人工煤气、天然气、液化石油气都符合国家规范。根据上海市环境保护部门对低空污染的测定，煤气灶比煤饼炉燃烧产生的污染物数量有大幅度的下降。

（二）国外城市燃气发展概况

世界各国的燃气工业，大体上经历了以煤制气为主的阶段、以油制气为主或煤、油混合应用阶段和以天然气为主的阶段，目前正处于以天然气为主的阶段中。

开始时，城市燃气是作为公用事业的一个部分出现的，最初的应用是照明，之后逐渐发展用于烹调、热水，后来才用于工业加热和化工原料。随着天然气的大量开采和远距离的管道输送，天然气使城市燃气的构成发生了巨大变化，已经成为能源消费的一个重要支柱。因此，不论是发展中国家还是发达国家，不论是能源丰富的国家还是能源贫乏的国家，都在积极发展城市燃气，尤其是近三四十年以来，发展更为迅速，并使城市燃气科学技术的发展达到了一个新的高度。天然气资源比较丰富的国家如美国、俄罗斯、加拿大、荷兰等国，依靠大力发展天然气来改变能源结构；天然气资源比较贫乏的国家，也不惜进口天然气来改变其能源构成，如日本，从美国（阿拉斯加）、文莱等国，进口液化天然气。

今后世界燃气工业发展的趋势有两种可能：一是仍把希望寄托在天然气上，二是积极开展煤制气新工艺的研究，将煤制成高热值的气体燃料，用以替代天然气。

（三）我国城市燃气事业的发展

我国开发利用天然气的历史，可追溯到2200多年前的战国时代，世界上最早的天然气井是四川临邛火井。利用天然气熬盐巴则起始于公元147年至189年，汉代已能初步进行天然气的储存和运输，明代钻探技术已发展到较为完善的阶段。明清时期，自流井气田就已开发。

我国第一家人工煤气厂于1865年在上海建立。1862年英商在上海建造煤气厂，到1865年投产供气，最初规模很小，供应家庭用户只有158户，路用煤气灯63盏。1934年迁厂于杨树浦路，建有伍德型直立炭化炉（30孔）一座、增热水煤气炉两座，日产煤气10000m^3。日商于1939年建成吴淞煤气厂，主要设备为奥托型小焦炉10孔，日产煤气7000m^3，管线总长414km，家庭用户1.74万户，民用普及率仅2.1%。

1949年之前，我国只有上海、沈阳、大连、抚顺、长春、哈尔滨等九个城市有煤气设施，年供气能力为3900万m^3，用气人口约27万人，城市人口气化率仅为0.67%。

1965年以后，随着石油和天然气事业的发展，出现了油制气和液化石油气供应城市，上海、北京、沈阳、大连、长春等城市建立了重油制气装置。另外，四川的自贡、泸州、成都、重庆等城市也发展了一部分天然气，使城市燃气事业有了新的发展。

党的十一届三中全会以来，中央和国务院领导同志非常关心城市燃气事业的发展，曾多次指示城市要逐步实现燃气化，要把城市燃气建设提到我国今后建设的议事日程上来，作为一个方针性的重大技术政策问题看待。1980 年国家增设了节能专项基金，积极支持各地回收工矿企业气。同时，还增加了基本建设投资，建设一批新的气源工程。1983 年 3 月，成立了全国“煤的转化和综合利用”专项规划小组，加强了城市燃气化工作的领导。在国家和地方的大力支持下，受益单位踊跃集资参加建设，使我国的燃气事业展现了从未有过的好形势。

根据我国建设事业十年规划，到 20 世纪末，城市煤气增长情况如下：人工煤气由“八五”规划的 $700\times10^4m^3/d$ 增长到“九五”规划的 $900\times10^4m^3/d$，天然气由 $275\times10^4m^3/d$ 增长到 $400\times10^4m^3/d$，液化石油气由 $25\times10^4m^3$/年增长到 $40\times10^4m^3$/年。值得指出的是，近年来，我国的石油天然气工业也得到飞速发展，1991 年全国生产原油 1.41 亿吨，天然气 160.7 亿 m^3；我国目前海上和陆地已开发的油田共 247 个，气田 68 个，原油生产水平达 280 百万桶/d，天然气生产水平为 0.4 亿 m^3/d。

到目前为止，我国的天然气探明储量已超过 10000 亿 m^3，主要分布在陆上的四川、西北、华北、中原、东北及南海、东海、渤海等地，有油气田的地区除四川外，还有大庆油田、辽河油田、盘锦油田、华北油田、大港油田、中原油田、塔里木盆地/柴达木盆地、吐鲁番/哈密盆地、江汉油田、延安、海南崖城、珠江口、东海等，都有望实现天然气化。

根据世界上一些勘探程度高的盆地对油、气的分析，石油与天然气的蕴藏量大致相等，即 1t 石油的储量就有 $100m^3$ 的天然气，且发热量也大体相同。1985 年世界上石油与天然气的探明储量（按热值计算）之比为 1∶1.03，俄罗斯为 1∶0.5，美国则高达 1∶1.45，我国仅为 1∶0.03；1985 年世界石油与天然气的产量（按热值计算）之比为 1∶0.66，俄罗斯为 1∶1.08，美国为 1∶ 1.09，我国仅为 1∶0.1。我国的这两个数据与世界相比要低得多，说明天然气是我国尚未得到完全勘探、开发的潜在能源，今后势必得到越来越大的发展。

二、能源在国民经济发展中的作用

能源是保证现代化工业正常发展的物质基础。它在现代化工业生产中的重要地位是由大机器工业本身的性质所决定的。因为机器生产的进行和现代化工具的运转，都需要有足够的燃料动力来保证，所以能源工业的发展速度和水平是衡量一个国家经济实力的重要标志之一，它在很大程度上决定着整个工业发展的速度和水平，特别是一些消耗一次能源多的工业部门，如冶金、化工、电力等影响尤为显著。

能源工业的发展直接影响着农业的发展。现代化农业中农产品产量的大幅度提高，需耗用大量能源。耕种、灌溉、收割、烘干、冷藏运转都需要直接消耗能源，化肥、农药、除草剂的使用又都间接消耗能源。没有足够的燃料、动力供应，现代化农业生产活动就无法进行。

要实现国防现代化，必须首先发展能源工业。现代化国防的动力来源，除核能外，还包括石油。不仅坦克等摩托化、机械化的武器需要石油产品，而且现代化的新式武器如火箭、导弹等也需要消耗大量石油资源。

人民日常生活和公用事业也需要消耗大量能源。随着城市公用事业的发展，燃气、自来水、暖气、空调等用户的不断增多，以及文化生活使用的电器设备品种和数量的增加，能源在日常生活中的地位越来越重要。

能源不仅是发展工业、农业、国防、科学技术和提高人民生活水平的重要物质基础，也是生产变革的前提，可以说每一次能源利用范围的扩大，都伴随着生产技术的重大变革，都能把生产力提高到一个新水平。例如，18 世纪，蒸汽机的改良促进了煤炭工业的发展，使煤炭在燃料中替代了木柴，从而促进了蒸汽动力的使用，这是工业革命的起点。19 世纪，汽轮机和发电机促进了电力工业的发展。电力的应用是能源科学技术的一次重要革命，它使燃料的热能转化成电力，然后用于生产。电还是自动化、无线电电子科学等新技术的基础。电能使人类生产进入了电气化时代。19世纪后半期，由于石油开采技术的发展，石油和天然气产量增加，促进了内燃机的广泛应用，从而推动了石油天然气生产和消费的迅速增长。原子能的发现和利用是能源发展史上继煤炭、石油和电能后的又一次革命，它为人类开辟了新的无限巨大的能源，原子能成为现代化生产中的新动力。

第三节　节能基本理论简述

一、节能概论

节能工作是世界各国都重视的共同问题。我国的节能方针是“能源开发与节约并举，把开发放在首位”。近年来，我国在努力增加能源供应的同时，大力加强节能工作，从行政、立法、经济、技术等方面采取了一系列措施，厉行节能，取得了很大成效。

（一）节能的基本概念

所谓节能就是应用技术上现实可行、经济上合理、环境（环保）与社会可以接受的方法，来有效地利用能源资源。为达到这一目的，要求在从开发到利用的全部过程中获得更高的能源利用率。

节能不是简单地减少能源消耗数量，更不应该影响社会活力、降低生产和生活水平，而是要求充分发挥能源利用效果，力求以最少数量的能源消耗，获得最大的经济效益，为社会创造更多可消费的财富，从而达到发展生产、改善生活的目的。换言之，生产同样数量的产品或产值要尽可能地减少能源消耗量，或者消耗同样数量的能源，能生产出更多的产品或获得更大产值，这就是节能的经济概念。

节能的内容主要包括两个方面：一是提高能源利用效率，降低单位产品或产值的能源消耗量，称为直接节能；二是调整工业、企业的产品结构，在生产中减少原材料消耗，提高产品质量等，以减少能源消费量，称为间接节能。

（二）节能潜力分析

节能潜力有两种含义：一种是理论节能潜力，即在供应的能量中，除了有效利用能量与不可避免的损失，一切可避免的损失都是潜力，这种理论上的节能潜力是难以完全实现的；另一种是视在潜力，即世界上已达到的能耗先进水平与我国现实情况比较的差距。根据节能潜力的大小，就能客观地制定节能措施并予以实施，达到节能目的。

1. 提高能源利用率的节能潜力

对于某个特定体系（即生产设备或过程），根据工艺要求，有效利用能量是一个不变数，它既不能增大，也不能减小，否则就不能达到预期目的。只有那些可以杜绝的浪费，尽力可以减少的损失，以及在现有技术经济条件下可以回收利用的损失能量，才是节能潜力所在。

能源在利用过程中的损失大小，受技术装备的先进与落后，生产管理水平的高低，操作运行的熟练程度等因素的影响，可以用能量利用效率来评价。

能量利用效率是衡量一个国家或地区能源利用水平的综合性指标。我国与发达国家的先进水平相比，尚存在很大差距。我国的能源消耗主要用于工业，约占总耗能的65%，而在工业生产中的能量利用效率比发达国家低一半多。民用能源消耗约占12%（电能除外），因主要是燃煤，所以能量利用效率比国外低两倍多。这两者是我国当前节能的主要方向。

2. 合理利用能源（合理用能）的节能潜力

合理用能就是做到“能尽其用”。对能量的认识，不仅要有数量的概念，更要树立质量的概念。

合理用能包含两方面的内容。一是煤炭、石油、天然气等一次能源，其质量、热值、使用方式的差别较大。不同的生产部门或用能设备，要从全局出发合理地选择能源，以达到最大的节能效果和经济效果。二是根据能源的品质优劣给予合理利用。一般电能优于热能，高温热能优于低温热能等。

3. 调整工业结构的节能潜力

一是调整轻重工业的比例，一般每万元产值的能耗量，重工业是轻工业的4.5倍，片面强调发展重工业，会导致能源利用的经济效率下降。二是调整大中小型企业的比例。在我国的全部工业产值中，大型企业占25%，中型企业占20%，小型企业占一半以上，其中不少小型企业能耗过高，造成了惊人的浪费。三是合理调整全国的工业布局。根据我国能源分布的特点，煤炭、石油主要分布在西北，水力资源又偏于西南。在调整工业布局时，可在能源丰富的地区建立以能源为基础的综合性工业基地，以减少能源的运输消耗。

4. 调整产品结构的节能潜力

调整产品结构对降低单位产值的能耗也具有重要的现实意义。不同的产品对能源的需要差别很大，不同产品的单位产值能耗可能相差几十倍。因此在国民经济调整过程中，尤其是在能源供应紧张地区，可把能耗大的产品调下来，代之以劳动密集型企业。

5. 降低能源工业的自身耗能

一次能源生产部门（如煤矿、油气田等）和二次能源生产部门（如热电厂、炼油厂、焦化厂等），既是能源生产部门，又是能源消耗部门。降低能源工业自身能耗的途径主要有以下几点：

（1）改造、淘汰旧设备

采用高效率的能源转换设备，如采用高参数、大容量的锅炉及汽轮发电机组，可大大降低煤耗。

（2）综合利用能源

可利用生产中的副产品，如高炉气、炭黑尾气等供锅炉燃烧，逐级利用背压汽轮机的排气等。

（3）电站采用低热值燃料

这样可以省出优质煤用于炼焦或其他高要求的场所。

二、节能的基本原理

（一）能量的质和量的分析

由工程热力学可知，能量的传递形式分为功和热两种。功和热可以相互转换，要获得一定量的功必须消耗一定量的热；反之，消耗一定量的功也必定会产生一定量的热。但是功热转换并不是无条件实现的。消耗的功（如电能、机械能等）可以无条件地全部转换为热量，传给温度较之更低的周围环境或介质，但传给介质或散失于环境的热量不会自发地聚集起来，转变为功，作为某种动力供我们使用。另外，温度不同的物体间的传热也有一定限制。当温度不同的两个物体互相接触时，热量总是自发地从高温物体传向低温物体，而不可能自发地由低温物体向高温物体传递。要实现由低温向高温传递热量，必须消耗额外的功。

能量利用过程中的这些性质，在热力学上通称为不可逆性。不可逆性的存在，表明了功热的转换以及热量在高低温物体间的传递，都存在着明显的方向及限度，说明了不同形式的能量以及存在于高低温物体中的能量，除了有数量上的联系，还有质量上的差别。正因为如此，人们在提高能源利用率、充分利用能源以获得尽可能多的功时，对能源有了新的认识。

一般认为，在理论上可以完全转化为功的能量，称为高质量的或高品位的能量，属于这一类的有电能、机械能、化学能、水力和风力能等。对于不能全部而只能部分地转化为功的能量，称为低质量的或低品位的能量，属于这一类的有物质的内能、容积能等。能量质量的高低或者说品位的差别，实际上就是能量可用性的差别。能量的质量高，表示做功的能力大；能量的质量低，表示做功能力小。能量的质量完全是由做功的能力确定的。如果高质量的能量变为低质量的能量，就表明能量在做功的能力上已经变小，在质量上已经降级了。

按照热力学第一定律，能量是守恒的，一切能量使用到最后，都将成为废热传递到大气中，虽然它在数量上是守恒的，但在质量上已经越来越不可用了，最后降级为无用。在节能问题上，要把能量的降级看成重要问题，对于高质量的能量，必须节约使用，不能任意浪费。因此对能量的认识，要有新的概念，这个概念就是能量不但有数量，而且有质量。节约能源不但要从数量上考虑，还要从质量上研究。例如，由燃气燃烧直接提供给热水采暖、供热水等所需的低温热量，即使燃气燃烧的热量全部由工质所吸收利用，也被认为是一种很大的浪费，因为在这种情况下，贮藏在燃气中的化学能所具有的做功能力，并未加以合理应用。若换一个方式供热，先将贮藏在燃气中的化学能，经过燃烧变为高位热能，然后将这些热能在热机系统中转换为机械能，再让该热机带动热泵提供供热所需的热量，那么这个热量将比燃气直接燃烧所得的热量高12倍。

从合理利用能源的角度出发，应该以功作为能量质量的量度。根据这种观点，美国学者J. H. 凯南把在一定环境条件下，系统所具有的最大做功能力叫作有效能（或称㶲）并把它作为衡量能量质量的量度。

随着能源消耗不断增长，节能问题越来越迫切，一些工业发达国家已经进行这方面的研究工作，其中个别国家的能源部门或用能单位已经开始根据有效能的分析来计算能量的需求，并评价燃料及其他能源使用方案的优劣，以确定工艺和设备方面能源利用的最优设计方案。

（二）热平衡及热效率

1. 热平衡

热平衡（又称能量平衡），是以能量守恒的热力学第一定律为基础，从能量分配和转换的量上对体系或设备的能量收支进行衡算，以评价能量的有效利用程度。

在各种工艺设备生产过程中，都将伴随发生各种各样形式的能量转换过程。当一种形式的能量转换为另一种形式的能量时，必定存在着一定的能量损失。换言之，能量的转换效率只能最大限度地接近1，而不可能等于1。

能量平衡是对某一用能设备（或系统）——能量平衡对象的生产过程进行分析，用以表明全部能量从何而来，随后又消失在哪里。系统以外的物体统称为外界。由于能量平衡是对进入系统的能量在数量上的平衡关系进行研究，所以它是考察用能设备的能量构成、分布、流向和利用水平的极其重要而行之有效的科学手段。

根据能量守恒定律，对于某一确定的系统，应该存在如下关系式：

输入能量 = 输出能量 + 系统内能的变化

在正常连续工作时，通常看作稳定状态，则系统内的能量不发生变化，所以上面的式子可写为：

输入能量 = 输出能量

此处的输入能量是指体系所收入的全部能量。它通常包括由工质或物料带入系统的能量和外界供入系统的能量等。

此处的输出能量是指系统所输出的全部能量。它通常包括由工质或产品从系统中带出的能量和系统向外排出的能量等。

为了清楚地表达能量平衡的概念，可利用如图 4 - 3 - 1 所示的能量平衡方框图作为能量平衡模型。

例如，对于燃气工业炉，在分析其用能变化时可写成：

输入总能量（包括耗电等） = 输出有效能 + 损失

或者写成：

输入总能量（只计热能） = 输出有效利用热量 + 热损失

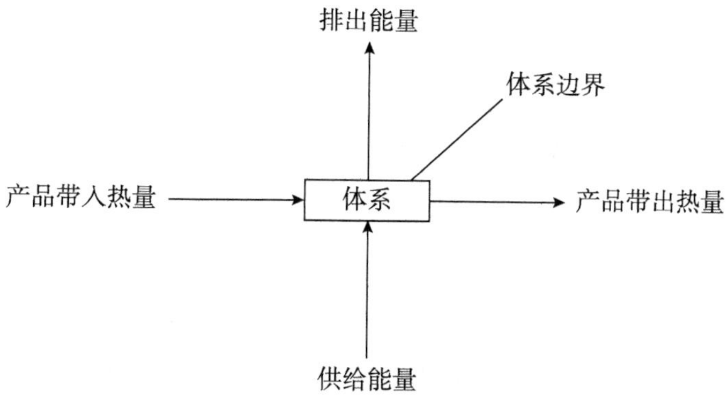

图4-3-1　能量平衡方框

燃气工业炉的热平衡关系式可更具体地表达为：

$$Q_{out} + Q_{in} - Q_{de} = Q_e + Q_{ob} + Q_l$$

式中，

Q_{out}——设备外部输入热；

Q_{in}——设备内部生成热；

Q_{de}——烟气中的二氧化碳、水蒸气在高温下分解吸热；

Q_e——有效利用热；

Q_{ob}——化学反应吸热；

Q_l——各项热损失。

方程左边为输入热量。设备外部输入热一般由三部分组成：

（1）主要输入热，指燃气工业炉的主要热量来源。如燃气的燃烧热、燃气的物理热和水蒸气的拥有热等。

（2）辅助输入热，指随着供入主要输入热时所必须带入的热量。如燃气燃烧时所必须供给的空气所拥有的物理热等。

（3）其他输入热，指从其他设备回收的余热等。

设备内部生成热是指有些设备在完成工艺过程时会发生放热化学反应，如钢材加热过程中发生氧化反应放出的热量。这部分由化学反应产生的热量应以输入热计入。

当燃气燃烧产生的烟气温度较高时，烟气中的二氧化碳和水蒸气会发生分解反应，吸收一部分热量，这部分热量称为燃气燃烧分解吸热，应从输入热中减去。

方程右边为输出热量。有效利用热，指根据工艺过程在理论上必须获得的或消耗的热量。例如，在冶金加热炉中，被加热的金属要求达到所必需的温度而吸收的热量（不是被加热后的拥有热）；燃气锅炉的给水（工质），在锅炉内被加热而达到必需的温度与压力所吸收的热量；在干燥、蒸发等工艺中，水分等蒸发所吸收的热量。

在某些工艺过程中，伴随发生化学吸热反应，这部分被吸收的热量也是工艺过程所必需的，应作为有效利用热加以考虑。当产品或同时产生的副产品本身包括部分燃料时，有效利用热应包括这部分燃料的热值。另外，还有可能存在未包括以上各项的其他有效热量。

热损失是指没有被利用的热量，它由许多项组成，一般有以下各项损失：排烟排气、排水热损失；漏烟、漏气、漏水热损失；不完全燃烧热损失；炉体及设备外壳的蓄热及散热损失；各种管道的热损失；水冷吸收热损失；炉门及开孔的辐射热损失；炉门及开孔的逸漏热损失；其他热损失。不同类型的燃气工业炉将同时存在其中的某些项热损失，这些热损失的减少及利用，将是节能的重要课题。

对某一台燃气工业炉建立热平衡方程时，必须注意热平衡式中的单位要统一。对各项热量进行计算时，要注意基准温度的确定，通常选择0℃或环境温度为基准温度。对于复杂的燃气工业炉，可以分别进行各区段的热平衡，其综合即为全炉热平衡。

对连续工作的工业炉，热平衡工作应在热稳定工况下进行；间歇作业的工业炉，一般按一个工作周期计算。若在一个周期中各段时间的炉况变化大，则要分期进行热平衡后再综合得出总的热平衡。

2. **热效率**

某一系统或设备的热效率是指该系统或设备为了达到特定的目的，输入总热量的有效利用程度在数量上的表示，它等于有效利用热量占总输入热量的百分比。热效率是衡量某一系统或设备热量利用的技术水平和热量有效利用程度的一项经济性指标。

热效率可通过输入总热量、有效利用热量或损失热量的测量和计算来确定。有效利用热量等于输入总热量与损失热量之差。

在能量的转换和传递过程中，总会有一部分损失，所以有效利用热量总是小于输入总热量，也就是说热效率的数值总是小于1。

热效率常用 η 表示。根据有效利用热量及输入总热量求得的热效率叫作正平衡效率；根据损失热量及输入总热量求得的热效率叫作反平衡效率。

正平衡效率可以写成：

$$\eta = \frac{Q_e}{Q_0} \times 100\%$$

反平衡效率可以写成：

$$\eta = \left(1 - \frac{Q_l}{Q_0}\right) \times 100\%$$

式中，Q_0 为输入总热量。

对于燃气工业炉，如果燃气的温度等于或接近环境温度，空气的温度等于或接近环境温度，则可以把燃气的物理显热和空气的物理显热看作零。当没有蒸汽或其他输入热量，没有或很少有化学生成热时，也可以把这些输入热量忽略不计。

第五章

节能型燃烧技术与装置

合理使用能源，即节能是重要的课题。在燃气生产和使用过程中，会消耗大量的能源。把相关的节能技术组合起来，将得到更好的效果，发挥更大的作用。本章具体来探讨这些节能技术与装置。

第一节　平焰燃烧技术与装置

一、概况

平焰燃烧技术是20世纪60年代中期在热加工领域出现的一种新型燃烧技术，由于它与直焰燃烧相比有许多显著优点，因此这种燃烧技术自出现后发展非常迅速，20世纪70年代已得到广泛应用。

在国外，20世纪60年代中期，美国首先在冶金工业炉上应用平焰燃烧器，随后在20世纪60年代末和70年代初，美国、俄罗斯、德国、法国、英国、日本等国先后研制出多种燃气、燃油或油气混烧的平焰燃烧器。如联邦德国的OFU鼓风式燃气平焰燃烧器系列，燃气热值为16.72MJ/Nm^2（4000kcal/Nm^3），热负荷在35.2～355.0×10^4kJ/h（8.4～84.8×10kcal/h）有16种型号，可使用冷空气或预热温度为500℃以下的热空气，要求燃气压力为2000Pa，空气压力为4000Pa；联邦德国、日本于20世纪70年代末研制的西拉斯半引射式平焰燃烧器，要求燃气压力为0.16～0.18MPa，主要应用于石油化学工业的裂解炉、加热炉。

我国于1974年首先由马鞍山钢铁设计院、北京钢铁设计院开始研制平焰燃烧器，之后发展十分迅速，还研制成功了天然气、液化石油气、发生炉煤气、高炉焦炉混合煤气、轻油和重油等平焰燃烧器。到20世纪70年代末已有不少机械、冶金厂开始应用平焰燃烧器，上海在20世纪80年代初就已有一百多座工业炉使用平焰燃烧器，收到良好的节能效果。

平焰燃烧器的形式多样，一般可按如下方法分类。

（一）按空气供应方式分类

1. 引射式——燃烧用的空气被燃气射流吸入

①全引射式 $\alpha' \geq 1$，燃气、空气完全预混。

②半引射式 $0<\alpha'<1$，燃气、空气部分预混。

2. **鼓风式——用鼓风设备将空气送入燃烧系统**

（二）按燃烧方法分类

①扩散式：$\alpha'=0$。

②大气式：$0<\alpha'<1$。

③全预混式：$\alpha'\geqslant1$。

（三）按平展气流形成机理分类

①直流式——平展气流由许多呈放射状的直射流组成。

②旋流式——平展气流靠一定旋转强度的旋转射流组成。

通常见到的火焰均为直焰，火焰形状为锥形，燃气或燃气—空气混合物从火孔流出时呈自由射流，燃烧后便得到直焰；平焰燃烧器的火焰为圆盘形，燃气或燃气—空气混合物离开燃烧器时必须形成平展气流，燃气在平展气流中燃烧就得到平焰。

通常的燃烧过程都包含着气体流动和可燃混合物燃烧两个方面，因此分析平焰燃烧机理，也必须从平展气流的形成与平展气流中燃气的燃烧这两个方面来进行。

平展气流的形成可采用机械规定射流分向和借助旋转射流的离心力这两种方法。

二、半引射直流式平焰燃烧器

（一）构造和原理

常见的半引射直流式平焰燃烧器由引射器、头部和烧嘴砖三部分组成。其工作原理是：燃气在一定压力下，以一定的流速从喷嘴流出，进入吸气收缩管。燃气靠本身的能量吸入一次空气，在引射器内燃气与一次空气混合，然后经头部火孔流出进行燃烧，形成本生火焰。燃烧所需的二次空气靠炉膛负压经二次空气口吸入，从火焰根部流向火焰。由于火孔均布头部四周，所以火孔轴线与燃烧器轴线相垂直，即与烧嘴砖平面平行（烧嘴砖平置于炉墙表面）。因此，燃气与空气混合物离开火孔时，便形成若干个呈放射状分布的与炉墙表面平行的直射流。燃气在直射流上燃烧便形成若干个圆锥形直火焰，每支火焰轴线均与炉墙表面平行；在火焰沿烧嘴砖（位于炉墙表面）呈放射状向四周扩展中，由于射流相互影响与火焰合并，火焰直观类似于一平面火焰，故称平焰。

半引射直流式平焰燃烧器的引射器的作用与一般大气式燃烧器的引射器作用相同。平焰燃烧器头部的作用有两种：一是使燃气空气混合物均匀地分布在各火孔上并稳定、完全地燃烧；二是每一火孔所形成的径向直火焰呈放射状均布在同一平面内。为此，要求头部各点混合气体的压力相等，二次空气能均匀地畅通到每个火孔。此外，头部容积不宜过大，否则灭火噪声大。

头部通常为锥形扩散管，一端封闭。锥体侧面开有若干个条形火孔，头部为扩散形，火孔与炉墙表面呈一定角度。这样空－燃混合物离开火孔时，射向烧嘴砖，然后沿炉墙表面向四周扩展。烧嘴砖便形成稳定的点火源，可以防止脱火。燃烧器工作时，为了防止回火，要根据负荷调节比、燃气成分及一次空气系数的大小，正确地选择条形火孔的宽度，一般火孔宽度为1～1.5mm。火孔个数及长度根据负荷大小确定。燃烧器头部处于炉内的高温氧化区，易烧坏，通常采用耐热钢制造。

烧嘴砖的作用与无焰式燃烧器的火道相似，它为燃气燃烧提供稳定的点火源，同时也是高温辐射源。烧嘴砖的材料可根据炉温选择，其型式有以下几种。

（1）梅花形

它采用黏土质耐火材料，在工厂成型烧制而成。烧嘴砖表面有许多花瓣样的弯曲凸出物，相邻凸出物间形成许多放射状的弯曲沟槽。空－燃混合物从火孔流出后，以一定角度冲向烧嘴砖，沿放射状弯曲沟槽边向四周扩展；凸出物对气流的阻碍作用增加了空－燃混合物的紊动，促进燃气与二次空气进一步混合，强化了燃烧过程，也增加了燃烧中的燃气及烟气在炉内的停留时间。同时，高温凸出物及其组成的沟槽也是燃气燃烧的稳定点火源。

（2）砖缝式

砖缝式烧嘴砖是在筑炉时，将燃烧器出口四周的耐火砖之间留有一定的缝隙，即由空心砖缝组成。

沟槽内循环的热气流及灼热的耐火砖表面构成了强烈稳定的点火源，新流进的空－燃混合物立刻被点燃。沟槽的存在增加了燃烧着的燃气及炉气在炉内的停留时间及和耐火砖墙表面接触的时间，使耐火砖表面温度得到进一步提高。

由于炉墙内表面比沟槽内表面传热快，因此炉墙内表面温度低于沟槽内表面温度。其间的温差大小取决于沟槽的宽度及深度。

（3）环缝式

它由若干个同心圆环形沟槽组成。环缝式必须用专门的型砖砌筑，或者用整体浇制，其作用原理及尺寸大小与砖缝式沟槽相类似。

（二）优缺点及应用范围

半引射直流式平焰燃烧器的优点是不需要鼓风，节省了鼓风设备及系统，因此节省了电能，并具有一定的燃气－空气自动比例调节性能，其缺点是需要高中压燃气，不能预热空气。当炉内压力为正压或零时，由于二次空气无法供给，这种燃烧器便无法利用了。

当前，这种燃烧器在石油化工、化学工业用炉上应用较多。如我国从日本、法国等国家引进的及我国自行设计的乙烯、合成氨、制氢等装置的裂解炉、转化炉上所采用的侧壁烧嘴及西拉斯平焰燃烧器，就是半引射直流式平焰燃烧器。

三、鼓风旋流式平焰燃烧器

在鼓风旋流式平焰燃烧器中，燃烧所需空气均由鼓风机一次供给；燃气与空气并不预混，属扩散式燃烧。平展气流是由旋转射流及气流在扩张型火道砖上的附壁效应（科安达效应）作用下产生的。

（一）构造及工作原理

鼓风旋流式平焰燃烧器由旋流器及扩张型火道砖组成。根据旋流器的结构，燃烧器可分为切向蜗壳式、等速蜗壳式、导向叶片式和螺旋叶片式等。

在双旋平焰燃烧器工作时，空气通过切向叶片产生旋流，燃气经过旋流器也产生旋流。二者的旋流方向是一致的，相遇后强烈混合，并进入喇叭形火道燃烧，在出口形成平焰。

1. 旋转气流及旋流数

非旋转自由射流的流动规律是在气流离开喷嘴后，在内摩擦力作用下，射流与周围介质发生质量与动量交换，使周围介质被卷吸；流股截面逐渐扩大，轴向速度逐渐降低。旋转射流与非旋转射流不同，在旋转射流中心存在一个低压区。当射流流出燃烧器后，低压区不断得到恢复，产生轴向反压力梯度。因此，当旋流强度足够大时，产生气体回流，并建立起中心环形涡旋区。

旋流器结构及几何尺寸不同，旋流数就不同，另外，输入气体的动量不同，也会影响旋流强度。旋流强度不同，旋流的速度、压力分布则不同。

由于旋转气流呈螺旋式运动，在旋流器中，作用在流体质点上的离心力和管壁对质点的作用力相平衡。当气流离开旋流器时，气体质点失去了管壁对它的约束力，在离心力的作用下，气体质点有向切线方向流动的趋势。因此，旋转射流离开喷口后，射流扩展程度要比作用射流扩展程度大得多。随着旋转强度的增大，轴向分速度骤减，而径向及切向速度增大，于是射流张角变大，长度变短，此时流股中的最大速度区不集中于射流轴心处，而是离开流股轴线，即速度分布变为双峰形。

当旋流强度进一步增加，气流轴心速度更加减小，轴向反压力梯度继续增大，则使得旋转射流中心产生沿轴线的反向流动——于是在旋转射流内部建立起回流区。

当旋流强度超过某个极限值时，一方面由于离心力增大，流股充分扩张，另一方面，由于回流气体量增加，回流区扩大，也迫使旋流朝径向扩张，从而形成平展气流。

2. 旋流器

常用的旋流器有轴向导流叶片式和蜗壳式两类。轴向导流叶片式旋流器按叶片形状不同，又可分为导流叶栅和螺旋状长叶片两种。

轴向导流叶栅式旋流器通常将叶片安装在燃气管上，燃气经轴向叶栅后成为旋流，螺旋式向前运动。螺旋状长叶片式旋流器，其壳体为圆柱形或圆柱－渐缩圆锥形，壳体内平装与壳体壁面紧密相连的螺旋叶片。在圆柱形壳体中螺旋叶片的螺距沿轴线逐渐缩小。在圆柱－渐缩圆锥形壳体中的螺旋叶片的螺距最好为定值。空气入口与壳体相切，以利于空气气流旋转。

蜗壳式旋流器按其蜗壳形状可分为等速蜗壳供气和切向供气两种。等速蜗壳供气在出口截面上空气流速分布比较均匀，但结构尺寸较大。切向供气的旋流器结构紧凑，但出口截面上空气流速分布不均匀。

3. 扩张形火道

在旋流式平焰燃烧器中，扩张形火道有两个作用：一是利用气流附壁效应配合旋流器形成平展气流，二是起点火源作用，保证稳定燃烧。当旋流强度足够大时，在气流内部建立起回流区，一部分高温烟气便反向回流到燃烧器出口，并被旋流卷入。在火道内烟气如此不停地循环流动，起到了不断加热空－燃混合物和连续点火的作用，保证稳定燃烧。

常见的火道形式有喇叭形和大张角形两种。

当旋转气流角动量的轴向通量一定时，扩张形火道有利于径向速度分量的增加，而径向速度分量增大是形成平展气流的基本条件。实践证明：喇叭形火道砖，由于扩口下缘为圆角，导流及附壁效应较好，有利于平焰的形成。喇叭形火道砖扩口下缘的曲率半径过小，平焰稳定性差，易形成旋转的直火焰。曲率半径过大会增加火道砖的厚度，使火道砖结构庞大，给制作及安装造成困难。因此，圆角的曲率半径一般为 $R=(0.8\sim1.5)D$；火道入口至出口间的垂直距离，称为混合距离。实验结论为：混合距离与火道入口直径比一般为1.5～1.8较为合适。曲率半径小时取上限，大时取下限。

大张角火道的张角一般取90°～120°；在旋转气流作用下，平焰火道砖受热气流剪应力作用比直焰火道大，因此必须选用强度较高的耐火材料制作。目前，火道材料可采用可塑料，以焦宝石熟料为骨料，耐火细粉采用二级矾土塑料细粉，结合黏土采用具有良好塑性的南京泥和苏州泥并磨成细粉，结合剂为精制工业用硫酸铝；也可采用磷酸耐热混凝土，采用二级矾土作骨料，磷酸为工业磷酸。

（二）优缺点及应用

鼓风旋流式平焰燃烧器的优点是适用于各种类型燃气，可以应用预热空气；它属于扩散式燃烧，不存在回火问题，因此调节比大；燃烧器头部不需耐火材料制造。其缺点是无空气与燃气的自动比例调节性能，若要保证燃气与空气比恒定，则需增设比例调节器，此外，需鼓风设备及电能消耗。

这种燃烧器可用于冶金、机械制造、化学、石油加工及其他要求温度均匀、受热面积大、热强度高的工业炉上。

四、全引射旋流式平焰燃烧器

全引射旋流式平焰燃烧器是一种新型平焰燃烧器，目前尚处于进一步研究和推广使用阶段。

（一）构造及工作原理

全引射旋流式平焰燃烧器由引射器、旋流器及火道三部分组成。燃气从喷嘴流出时，依靠本身的能量吸入燃烧所需的全部空气，并在混合管内进行混合，混合均匀的燃气－空气混合物经旋流器内形成旋转气流，在扩张形火道的配合下，贴附于火道壁及炉墙表面燃烧，形成平焰。

全引射旋流式与半引射直流式相比，两者均为引射式，前者为全预混，后者为部分预混；前者为无焰燃烧，后者为大气式燃烧；前者靠旋流器、火道形成平焰，后者为若干直火焰相互影响与合并而形成平焰。全引射旋流式依靠燃气能量既要吸入燃烧用全部空气，又要形成旋转气流，因此要求用高（中）压燃气。

全引射旋流式与鼓风旋流式相比，两者均依靠旋流器与火道形成平焰，而前者依靠燃气能量吸入空气，后者由鼓风机供应空气；前者为预混式燃烧，后者为扩散式燃烧。影响全引射旋流式平焰燃烧器稳定工作的主要因素之一是回火（这一点与其他全部预混式燃烧器相同），正确选择头部出口的环形面积是防止回火、保证稳定燃烧的重要条件。

（二）优缺点及应用

由于全引射旋流式平焰燃烧器实现了全部预混，燃气－空气混合物离开旋流器出口便开始燃烧，因此中心低温区范围小，对辐射换热有利。该类燃烧器不需供应二次空气，在炉内为负压或微正压时均能良好工作，并省掉了鼓风设备，节省了电能。

这种燃烧器的缺点是受燃气压力及稳定燃烧条件限制，难以应用预热空气；受易回火限制，负荷调节比小；燃烧器头部附设有分流器，它处于高温氧化区内，需用耐热钢制作。全引射旋流式平焰燃烧器适用于供应高（中）压燃气的冶金、机械制造、化学、石油加工及其他要求温度均匀、受热面积大、热强度高的工业炉窑上。

五、平焰燃烧器的特点

1. 加热均匀

平焰附着炉壁表面，不与工件接触。旋流式平焰燃烧器中，在平焰中心处还有一稳定的回流区，使炉气有规律地循环流动，起到搅动混合作用，形成均匀的温度场。因此，加热均匀，即使加热薄板也不会过热。

2. 炉子升温快

据炉内换热可知，炉壁温度是由炉壁的吸收热量与支出热量平衡来确定的。收入热包括燃气对炉壁的辐射及对流换热、工件对炉壁的辐射及炉壁自身的辐射。支出热包括炉壁对炉气、工件的辐射及炉墙对大气的散热。对于应用普通直焰燃烧器的工业炉来说，炉气对炉壁的对流换热量很小，常将此部分热量与炉墙对大气的散热等同看待。因此，炉气对流换热对炉壁温度影响很小。在其他条件相同的情况下，应用平焰燃烧器的工业炉，由于平焰的燃烧过程与烟气的扩展流动过程均是贴着炉壁内表面进行的，灼热的火焰及热烟气对炉壁的对流换热极为强烈，比普通直焰炉大得多。同时，平焰与炉壁直接接触，对炉壁的辐射换热也比直焰炉强烈。因此，在加热过程中，炉壁温度提高快，即炉子升温快，吸热多，故排烟温度低。

有人认为，采用平焰燃烧器时，炉壁内表面应按照炉气温度考虑，有可能比传统的工业炉壁面温度提高 200℃ ~300℃，从而使锻造炉的加热时间缩短近一倍。另外，传统工业炉要提高炉壁内表面温度，必须增大炉膛高度，使炉壁对工件的辐射角系数（工件与炉壁的表面积比 F_2/F_1）降低，这样炉子的蓄热量及散热量将增加。同时，炉膛高，吸入的冷风量也将增大，会降低炉子的热效率。相反，应用平焰燃烧器的工业炉，在保持相同炉壁温度时，可降低炉膛高度，减少炉子的蓄热量及散热量，提高升温速度。

3. 工件的加热速度快

当炉内炉气流速较低时，炉内换热主要为辐射换热，对流换热量很小，对高温工业炉更为明显。如当炉温 $t_1 > 1200$℃ 时，总换热量中对流换热不超过 5%，而辐射换热量占 95% 以上；在辐射换热中，除了炉气的直接辐射，炉壁作为中间介质，起了相当大的作用。

4. 炉内压力均匀

采用直焰的工业炉，负压区通常处于火焰根部，那里常有孔口，造成大量的冷风吸入；采用平焰燃烧器的工业炉，负压区位于燃烧器的中心，沿炉壁四周为正压区，易维持整个炉底为微正压，炉内压力均匀，也防止了冷风吸入。

5. 节约燃气

平焰燃烧器可以在接近理论空气量下实现完全燃烧，因此过剩空气量少，前已述及，采用平焰燃烧器的工业炉，炉子升温快，工件加热快，且炉膛高度可以降低，减少了冷风吸入量和散热损失。综上原因，采用平焰燃烧器的工业炉，通常可节约燃料10%～30%。

6. 平焰温度分布具有轴对称性

平焰中心温度低，沿火焰径向增大，在火道砖出口处温度最高，然后逐渐降低。

7. 减少氧化烧损，提高工件质量

8. 烟气中 NO_x 含量少

降低火焰温度、减少烟气在高温区的停留时间或控制燃烧区内的过剩空气可减少 NO_x 生成量。平焰的中心区有一稳定的回流区，促使烟气自行回流循环，强化了燃烧过程，缩短了燃烧时间，使火焰稳定分布均匀，消除了局部高温；并且其燃烧过程是在较小的过剩空气下实现完全燃烧，相应地减少了燃烧区的含氧量。此外，烟气的再循环及辐射换热也降低了火焰温度。因此，烟气中的 NO_x 含量少。

9. 燃烧稳定、噪声小

10. 炉子高度可以降低，简化了炉体结构

平焰燃烧器的缺点是制造、安装技术要求高，在工业炉上布置方位受限制（相邻的两个平焰燃烧器需反向旋转）。

第二节　高速燃烧技术与装置

一、概述

在普通工业炉窑中，加热物料大部分是在炉膛内进行的。在炉膛内存在三种物体—炉气（烟气）、被加热物料（如金属料坯）和炉壁（炉墙、炉底和炉顶）。这三种物体在炉膛内进行着复杂的热交换。在换热过程中，炉气是热源体，低温物料是受热体，炉壁只起热量传递的中间体作用。炉气通过两个途径以辐射传热方式将热量传给物料，即炉气→物料及炉气→炉壁→物料。此外，炉气还以对流换热方式向物料传热。

根据炉膛内热交换可知，决定加热速度的一般是炉气和炉壁向物料的传热，而不是物料表面向内部的传热。炉气和炉壁向物料的传热由辐射和对流两部分组成，均匀传热时传给物料的总热量为：

$$Q_2 = C\left[\left(\frac{T_1}{100}\right)^4 - \left(\frac{T_2}{100}\right)^4\right]F_2 + \alpha_c(t_1 - t_2)F_2$$

式中，

Q_2——炉气和炉壁向物料（金属料坯）的传热量；

C——炉气和炉壁对物料的导来辐射系数；

T_1——炉气温度；

T_2——物料表面温度；

α_c——炉气对物料的对流换热系数。

对900℃以上的工业炉，传热主要以辐射方式进行，一般占80%以上；对于锻造加热炉辐射传热占90%以上，其中炉壁辐射占60%以上，而对流传热仅占3%~5%。因此，以辐射传热为基础的加热炉要实现快速加热，必须提高炉温和增大炉壁的辐射表面积。

对于普通工业炉，为了增加火焰和炉气对物料的辐射换热并保证燃料完全燃烧，都设有一个宽敞的炉膛。这样，开炉时将炉膛的大量耐火材料加热到工业炉的操作温度就需要很长时间，相应的就需要消耗很多的能量。停炉时，尽管燃烧器已经灭火，但由于耐火材料的热惰性大，仍有相当长一段时间会继续加热工作，使得加热温度难以控制，易造成工件过热。为防止工件过热，普通加热炉不得不在略高于工件允许的最高加热温度下运行，这就降低了加热速度，延长了加热时间，特别在工件接近加热最终温度时更是如此。

在高温下延长加热时间会产生许多不良影响，如造成钢的氧化和脱碳，使工件表面毛糙、硬度降低。脱落的氧化铁皮碎片还需停炉清扫，否则会影响运输系统正常工作。

为了节约能源，解决普通加热炉所存在的上述问题，20 世纪 60 年代出现了快速加热技术，它以对流传热为基础，利用高温烟气以 100～300m/s 的高速度直接吹向物料表面，高速气流破坏物料表面的气体边界层，使对流传热系数 α_c 显著增大。如烟气对有色金属铝、铜的对流传热系数可达 698kW/m^2 · c，从而提高对流传热量，通常对流传热量可占总传热量的 80%～85%，有时甚至更高，如加热铝材，其对流传热可占总传热量的 90%～95%。以对流传热为主的快速加热炉无须普通加热炉那样大的炉膛，其炉膛可小到紧贴加热工件，以充分利用烟气的动量。快速加热炉的特点如下：

①热效率高，节约燃料，与普通加热炉相比，燃气耗量可减少 67% 以上。

②金属加热质量高，可减少氧化烧损和脱碳层厚度，延长模具寿命。

③操作灵活，突然停车或启动时，能迅速达到操作要求，能实现自动化流水线生产。

④占地面积小，投资少。

理论和实践证明，快速加热技术广泛应用于黑色和有色金属的热加工部门，如锻造和轧制前的金属加热、局部加热、热处理等。特别是对具有高导热系数的有色金属，如铝及其合金、铜、青铜、黄铜等坯料的加热更为有利。据国外相关资料介绍，用燃气快速加热炉代替电感应炉加热，平均可降低加热成本的30%。

实现快速加热的关键一是改造炉体，二是应用高速燃烧器。高速燃烧器有两个作用：一是使燃气在非常高的热强度下燃烧，二是高温烟气以非常高的流速从燃烧室（火道）喷出，从而实现快速对流换热。

高速燃烧器于20世纪60年代初在美国、法国、英国等相继试验成功。如1962年美国比克莱窑业公司的调温高速烧嘴，燃烧室出口烟气流速为50m/s，利用二次空气量来调节气流出口速度。在高速气流作用下，炉内温度分布十分均匀，当炉温为180℃、燃烧器生产率为额定生产率的25%时，在燃烧器前7m的范围内的温差仅±3℃；20世纪70年代，德国、俄罗斯等国先后研制出多种高速燃烧器，如考伯维奇特拉型燃烧器，其出口速度达160m/s。1971年日本东芝鹤和日立公司也相继研究成功了由单一风管供气的调温高速燃烧器，只要控制燃气量就可以调节出口气流速度。我国在20世纪70年代着手研制高速燃烧器，并应用于工业生产。

目前应用的高速燃烧器种类有很多，就燃气与空气的混合方式分类，可分为：①预混式高速燃烧器，其负荷调节范围小，不能低于某一流量，否则会产生回火现象。②非预混式高速燃烧器不受此约束，可使用预热空气。

按用途分类，可分为：①不调温高速燃烧器用于快速对流加热；不供应二次空气，过剩空气系数变化不大，出口烟气温度调节范围小。②调温高速燃烧器用于热处理及干燥炉；大部分调温高速燃烧器都供应二次空气，过剩空气系数变化幅度大（1～50），相应的出口烟气温度调节范围也大。

二、高速燃烧器

（一）一般构造及工作原理

高速燃烧器的构造相当于一个鼓风式燃烧器，在其出口增设一个带有烟气缩口的燃烧室（火道）；燃气和空气在燃烧室内进行强烈混合及燃烧，完全燃烧的高温烟气以非常高的速度喷入炉内，与物料进行强烈对流换热。这种燃烧器通常由两部分组成：混合装置和燃烧室。

燃气与空气的混合方法有预混式和非预混式两种。非预混式，燃气与空气分别进入燃烧室，两者在燃烧室内进行混合。

在这种混合装置中，燃气通常沿中心管、经与中心管同心的喷嘴，或经过与空气流呈一定角度的若干小喷嘴进入燃烧室。为了使燃气与空气充分混合，强化燃烧过程，设计燃烧器时应考虑混合行程长度与燃气喷孔的比例关系。非预混式高速燃烧器，由于燃气和空气在燃烧室内进行混合，混合过程占据了一定的燃烧室容积。这不仅降低了燃烧室容积热强度，而且会降低燃烧完全程度，但非预混式高速燃烧器的负荷调节范围较大。

预混式高速燃烧器是将燃气与空气在送入燃烧室前进行充分混合，其混合形式很多，如大型燃烧器采用比例混合鼓风机，中型燃烧器采用引射器等。近年来较为普遍采用的是以空气作为介质的引射器，燃气则采用零位调节器以保持其压力恒定，从而严格控制空气与燃气的混合比。

高速燃烧器的燃烧室按其断面形状可分为两种形式：即变截面燃烧室和等截面燃烧室。变截面燃烧室为带缩口的燃烧室，而等截面燃烧室为圆柱形火道。根据燃烧室材质和冷却情况又可分为不冷却的、用耐火砖制造的和采用空冷、用金属材料制造的。烟气在燃烧室内的流速取决于燃气和空气的压力、烟气温度及燃烧室断面与缩口断面的比，烟气离开缩口的速度取决于燃烧室与缩口尺寸比、混合物数量和过剩空气系数。

燃烧室内燃气、空气或其混合物的压力通常为3000～16000Pa，燃烧室内的压力高，密封要求就高。燃烧室的容积热强度在额定工况下通常为（2.1～7.5）$\times 10^8 kJ/m^3 \cdot h$，有时容积热强度可达$23\times 10^8 kJ/m^3 \cdot h$。

等截面燃烧室比变截面燃烧室简单、轻便，但防止脱火和消除化学不完全燃烧的最高生产能力却低得多。

为了提高燃烧器的生产能力，在等截面燃烧室内提高火焰稳定性显得格外重要。为了使火焰稳定，当冷火道点火时，燃烧器应在小流量下运行，使火道被加热，这时靠火道入口处的热烟气再循环稳定火焰。当火道被加热后，可增大燃气流量，这时除高温烟气在火道入口循环稳定火焰外，赤热的火道壁面使燃烧过程热损失减小，对火焰的稳定也起着显著作用。

（二）几种典型的高速燃烧器

1. SGM 型燃气低压高速燃烧器

SGM 型燃气低压高速燃烧器燃气经狭缝呈薄层流出，空气与燃气垂直相交，由于空气流速与燃气流速比为 1∶1.5，所以空气对燃气有引射作用，促使两者强烈混合，混合气体经腰形孔进入圆柱形火道燃烧。火焰的稳定是依靠转角处和流股间的高温烟气再循环及火道壁面来实现的。烟气离开火道的速度为 100m/s 左右。

该燃烧器的特点是可使用低压城市燃气（压力为 800 ~ 1000Pa、热值为 14.24MJ/Nm^3）与低压空气（2000 ~ 3000Pa）来实现高速燃烧，火道热强度达 12.56×10^8kJ/$Nm^3 \cdot h$，过剩空气系数为 1.02 ~ 7.4 时均能稳定燃烧。

2. 带烟气缩口的高速燃烧器

带缩口燃烧室的高速燃烧器适用于天然气，主要用于室式金属加热炉。

3. 自身预热式高速燃烧器

一般工业炉有许多热量被损失，其中排烟带走的热量最多。因此，回收排烟带走的余热具有重大的意义，而预热燃烧用空气是回收余热合理和有效的方法，既可以节约燃料，又可以提高理论燃烧温度，强化燃烧。

利用工业炉排出的烟气预热空气的热工设备有两种，即换热器和蓄热室。它们往往适用于大型连续生产的炉子，若用于室式炉或间歇炉，成本高，效果不好，采用自身预热高速燃烧器就可以克服上述缺点而获得良好的效果。

自身预热式高速燃烧器是由一个高速燃烧器和一个逆流式换热器组成的。燃气由中心管流入燃烧室，空气在空气管与燃气管的环缝中流入燃烧室（空气管外表面装有换热器肋片），烟气在套管与空气管之间经肋片间隙与空气呈逆流，流向燃烧器前端被排出，预热后的空气立即进入燃烧室与燃气混合燃烧。

自身预热高速燃烧器的典型实例如下。

（1）英国 MRS 自身预热高速燃烧器

该燃烧器空气管外侧带有散热片或波形管，以增加换热面积；联邦德国研制的此类燃烧器，在空气管内外两侧均带散热片，相邻散热片相互交错排列；美国研制的此类燃烧器，有两个空气通道，烟气在两个空气通道之间的环缝中流过。

（2）带辐射换热器的自身预热高速燃烧器，可以使用液化石油气、天然气、油或油气混烧

这种燃烧器的特点是除燃烧器换热器外，在燃烧器烟气出口处还装有小型辐射换热器。空气先经过辐射换热器，然后再进入燃烧器换热器，进一步提高预热效果。用空气预热器将烟气排出炉外。这种燃烧器用于室式锻造炉，可减小炉膛高度近一半，节约燃料 30% 左右。

（三）高速燃烧器的优缺点

从前面的介绍中，我们不难发现，与普通燃烧器相比，高速燃烧器有下列优点：

（1）燃烧室内的容积热强度非常高，可达 $7.5 \times 10^8 kJ/m^3 \cdot h$，除火道式燃烧室外，不需另设燃烧室。因此炉膛体积很小，炉体结构简单，操作方便，安全控制及炉前管道布置简单。

（2）烟气在燃烧室内剧烈膨胀，燃烧室出口设有烟气缩口，所以烟气喷出速度非常高，可达 200～300m/s。高速喷出的高温烟气可大量引射较低温度的炉内烟气，形成强烈的烟气回流及搅拌作用，使炉内温度分布十分均匀（如某渗碳炉的炉内温差仅有 ±1.5℃）。烟气喷射速度改变时，引射的回流烟气也随之改变，通常回流烟气量在 20～200 倍的范围内变化。

（3）燃烧室内温度可达到或接近 2000℃，这对发展高温炉窑、节约燃料十分有利，如用高速燃烧器，则喷口烟气温度又可在很大范围内（200℃～

1800℃）调节，这就使高速燃烧器能满足各种炉窑的要求。

（4）炉内环境易调节成氧化性或还原性，过剩空气系数很低时，仍能稳定燃烧。高速燃烧器的过剩空气系数最高可达50.0（一般燃烧器的过剩空气系数最高仅为2.5）。

（5）负荷调节范围大，调节比可达1∶50（一般燃烧器为1∶10～1∶30）。

（6）由于燃烧反应在火道式燃烧室内瞬间完成，故在惰性气体的炉内也不存在灭火问题。

（7）能燃烧低热值燃气。对于低热值的高炉煤气（热值为3.64MJ/Nm^3）也可稳定燃烧，且能使用高温预热空气（预热温度可达500℃或更高）。

（8）抑制NO_x的生成。由于燃烧过程中氧的浓度可控制到最小需要量且烟气在高温区内停留时间短，高温高速烟气引射炉内较低温度的烟气后，本身被迅速稀释而降低温度，炉内烟气和被加热物料的强烈换热，使烟气温度迅速降低，因此抑制了NO_x的生成，所以高速燃烧器也是低NO_x燃烧器。

（9）节省燃料。由于燃烧效率高，炉内气体的强烈循环及搅拌效果好，燃烧室小，散热损失小，炉内气氛容易调节等因素，使燃料消耗量减少。

（10）可减少燃烧器数目。应用普通燃烧器时，为了保证炉温均匀，必须采用较多数量的燃烧器，因高速气流能使炉温均匀，故可减少燃烧器数量，也有利于自动控制。

高速燃烧器的缺点如下：

（1）需要较高的燃气、空气压力。

（2）燃烧室需要使用特殊的耐高温、耐冲刷材料。

（3）工作噪声大，需采用相应的消声措施。

第三节　浸没燃烧技术与装置

浸没燃烧法是预先将燃气与空气充分混合，送入燃烧室进行完全燃烧，使燃烧产生的高温烟气直接喷入液体，从而加热液体的方法。浸没燃烧法的燃烧过程属于无焰燃烧，而其传热过程属于直接接触传热。此法可用于液体加热、惰性气体制备以及化学反应等。

浸没燃烧装置除辅助设备外，一般包括燃烧装置、贮槽及排烟装置三部分。应用场合不同，各组成部分的作用也不尽相同。燃烧装置的作用是使燃料充分燃烧提供热源，在惰性气体制备中，它又是气体发生器。贮槽既可以是液体加热器，又可以是液体蒸发器，还可以是化工反应器。排烟装置的作用是将废气排出，为了回收余热或余气，在排烟系统中可安装余热回收装置或分离器。

最早应用浸没燃烧的目的是着重解决用间壁式换热器加热黏稠、易结晶和腐蚀性强的液体时所存在的以下问题：

（1）气体对流换热系数小，设备传热系数小，所需传热面大，导致加热设备庞大、投资增加。

（2）加热和蒸发黏稠、易结晶、易结垢液体时，液体侧易生成水垢、结晶物，使设备热效率降低，甚至引起事故。

（3）加热腐蚀性液体时，传热面需要用耐高温、耐腐蚀的材料制造。

（4）排烟温度高、热损失大，且不安全。

（5）设备热效率低，单位产品的能耗大。

浸没燃烧法系直接接触传热，它不需要间壁式换热器或蒸发器所必需的固定传热面，因此具有如下优点：

（1）没有固定的传热面，因此不存在传热面上结晶、结垢和腐蚀等问题，特别适于加热和蒸发腐蚀性强、黏稠、易结晶和结垢的液体。

（2）高温烟气从液体中鼓泡后排出，气－液两相直接接触进行传热，由于气－液混合与搅动十分强烈，大大增加了气－液间的传热面积，强化了传热过程，烟气的热量最大限度地传给了被加热液体，致使排烟温度低，其热效率远高于间壁式换热器，可高达95%以上。由于热效率高，单位产品的能耗也会减少。

（3）与间壁式换热器相比，设备简单，节省钢材，投资少。

（4）加热腐蚀性液体时，需要防腐的部分为设备的内壳和浸没管，而仅有浸没管处于高温下工作，因此减少了耐高温、耐腐蚀材料的消耗。壳体内壁温度不高，可采用非金属衬里或涂防腐材料。

由于浸没燃烧法有上述优点，特别是提高了装置的能源利用率，因此它的研究与推广已超越了对黏稠、腐蚀性等特殊液体的加热范围，成为节能的重要措施之一。

浸没燃烧装置的主要特点是在液面上设置燃烧室，燃气与空气混合物在燃烧室内充分燃烧，这样就能保证火焰稳定和燃烧完全。随着燃烧技术的发展、浸没燃烧技术也日趋完善，使用范围逐步扩大。

一、浸渍型浸没燃烧法

（一）构造及工作原理

目前工业上普遍使用的浸渍型燃烧装置系统燃烧器固定在贮槽上部，燃烧器的燃烧室置于液面上，其下端浸在液体中，称浸没管或鼓泡管。燃气和空气分别由供气管和风机送入燃烧器的混合室均匀混合后，进入燃烧室充分燃烧，高温烟气由浸没管直接喷入液体中。在浸没管上开有若干小孔，使烟气由无数个细小气泡分散于液体之中，然后沿气体上升管向上浮升，脱离液面，进入贮槽的气体空间，最后经排烟系统排至室外。气体上升管起到了气体提升泵的作用，烟气上升过程中强烈地搅拌了槽内液体，不仅使气－液两相充分混合，也使槽内液体温度分布均匀。

烟气与液体直接接触过程中，把热量迅速传给液体，被加热的液体从出口被引出。为严格控制燃气与空气混合比，在燃气与空气管路上分别安装调节阀门；在排烟系统中还安装了气－液分离器，以回收液体。

（二）气-液间的传热与传质

浸没燃烧加热与蒸发过程包括了流体力学过程、传热过程和传质过程。

传质过程指蒸汽通过气泡表面进行的扩散过程，其扩散速率（或蒸发速率）用下式表示：

$$W = K_D F_D (C_1 - C_g)$$

式中，

W——扩散速率或蒸发速率；

K_D——传质系数；

F_D——传质表面积；

C_1——气泡表面处的蒸汽质量浓度；

C_g——气泡内的蒸汽质量浓度。

传热过程是烟气将热量传给液体的过程，它经过两个途径：一个是高温烟气通过浸没管壁与管外气-液两相流体间的间接传热，另一个是气-液间的直接接触传热（包括对流和辐射）；总的传热量 $Q = Q_w + Q_B$，通常 $Q_w/Q = 0.3 \sim 0.5$。

传热量也可用传热速率表示：

$$Q = KF(t_g - t_1)$$

式中，

Q——单位时间内的传热量；

K——传热系数；

F——传热面积；

t_1——液相温度；

t_g——气相温度。

在浸没燃烧加热与蒸发过程中，传热与传质过程是同时进行的。液体由常温加热至“沸点”可分为三个阶段。

1. 液体升温阶段

在此阶段烟气中的蒸汽浓度 C_g 大于气泡表面的蒸汽浓度 C_1，蒸汽由气泡内向气泡表面扩散，遇低温液体，蒸汽冷凝放出潜热，使液体温度升高。同时，高温烟气也向液体传热。烟气温度 t_g 大于液体温度 t_1。

液体升温阶段的特点是传质与传热方向一致，均由烟气向液体传递。

当液体温度升高到某一温度时，例如水被加热到60℃时，相应的气泡表面的蒸汽浓度与气泡内的蒸汽浓度一致，这时液体升温阶段的传质过程达到平衡，第一阶段结束。

2. 液体升温蒸发阶段

此阶段高温烟气不断地将热量传给液体，液体继续升温。传热方向与第一阶段相同。由于液体温度持续升高，导致相应的气泡表面蒸汽浓度大于气泡内的蒸汽浓度，第一阶段建立的传质平衡被破坏，蒸汽经过气泡表面向气泡内扩散，液体不断蒸发，传质方向与第一阶段相反。液体既升温又同时蒸发。

3. 液体恒温蒸发阶段

此阶段高温烟气传给液体的热量转变为液体蒸发时的汽化潜热，液体温度不再升高。这时液体的温度就是液体蒸发时的“沸点”。例如水的浸没燃烧蒸发的沸点约为87℃。

根据上述分析可知，欲强化浸没燃烧的传热与传质过程，必须采取下列措施：

（1）提高烟气喷入液体的速度，增大气流的扰动，从而增大传热系数和传质系数。

（2）气泡表面是气－液两相的接触面，即为传热与传质面积。因此应设法使气体以细小的气泡分散于液体中，以增大两相接触面，流体扰动的加强不断更新两相的接触面，对强化传热及传质过程极为有利。

（3）选取适当的浸没深度，延长气－液接触时间，亦有利于传热和传质过程。

（三）燃烧热量的分配

浸没燃烧所产生的热量一部分转变为烟气的热量，一部分用于液体加热，一部分用于液体蒸发。各部分热量的分配与燃料种类有关，与被加热液体的温度有关。

（四）蒸发效率、加热效率和热效率

蒸发效率指浸没燃烧器用于液体蒸发的热量占总输入热量的百分比，按下式计算：

$$\eta_e = \frac{Q_1}{Q_C + Q_g}$$

式中，

η_e——蒸发效率；

Q_1——液体蒸发耗热量；

Q_C——燃料燃烧生成热；

Q_g——输入燃料及空气的显热。

加热效率指用于液体加热的热量占总输入热量的百分比。

$$\eta_h = \frac{Q_2}{Q_C + Q_g}$$

式中，

η_h——加热效率；

Q_2——用于液体加热的热量；

Q_C——燃料燃烧生成热；

Q_g——输入燃料及空气的显热。

热效率指加热效率与蒸发效率的总和。

浸没燃烧装置的热效率与许多因素有关，其中的主要因素是被加热液体的温度和燃烧的过剩空气量。热效率与加热水温的关系：在水温较低时，加热效率接近100%，随着水温的升高，加热效率降低。当水温升高到60℃时，传质达到第一阶段的平衡状态。水温继续升高，水分开始蒸发，加热效率迅速下降，水温接近沸点时加热效率为零，效率曲线与横坐标相交。与此相反，蒸发效率在低温时很低，随着温度升高而增大，至沸点温度时达到最高。

热效率与过剩空气量的关系。当过剩空气量较少时，由于化学不完全燃烧，热效率较低；随着过剩空气量的增加，热效率提高。当过剩空气量大于27%时，热效率不再提高，反而有所下降，这是由于过剩空气的增加使烟气带走的显热增加。上述热效率是按燃料高热值进行计算的。有时为了与间壁式换热器的热效率进行比较，也采用低热值进行计算，此时热效率可能大于100%。

（五）沸点及排烟温度

由上述传热及传质过程的分析可知，浸没燃烧法中水的沸点与通常所说的水的沸点不同。水的沸点指水蒸气压力与外界压力相等时水开始沸腾的温度。浸没燃烧法中，水的沸点是指高温烟气传给液体的热量全部转化为水的汽化潜热时水的温度，此时贮槽上方的总压力等于水蒸气分压与烟气中不凝性气体（如 N_2，CO_2，O_2及 SO_2等气体）分压之和。由于不凝性气体的存在，相对减少了水蒸气的分压，使水的沸点降低，其下降值服从道尔顿定律，比纯水的沸点低约10℃ ~20℃。据此可知，沸点与燃料成分和化学当量比有关，而与燃烧的燃料量无关。当化学当量比小，过剩空气量大时，烟气中的不凝性气体含量高，相应的水蒸气分压低，沸点下降得多。

由于浸没燃烧法的高温烟气直接与液体接触进行传热和传质，烟气在液体中形成无数细小气泡且形成强烈扰动，传热及传质面积大，因此排烟温度低，几乎与被加热液体温度相同（通常排烟温度比被加热液体温度高1℃ ~5℃）。这是浸没燃烧法热效率较高的原因之一。

（六）燃烧稳定性

浸没燃烧的工作条件比其他燃烧装置要恶劣得多。例如，浸没燃烧器燃烧室出口位于液面下400 ~800mm，燃烧室受到较大的背压作用；烟气与液体接触传热时，火焰有可能与液体接触形成不完全燃烧；烟气鼓泡穿过液层时液面波动大等。为了保证燃料完全燃烧，防止回火和脱火，设计时需采取许多稳焰措施。应用较广而且效果较好的是采用高速旋流稳焰法，利用高速旋流烟气的回流促进燃气与空气的混合、预热及着火，强化燃烧过程，提高火焰的稳定性。

（七）浸没燃烧的特点

1. 热效率高，节约能源

以高热值为基准进行计算，浸没燃烧的效率可达 90%～96% 以上，水在进行低温加热时热效率可接近 100%。其热效率高的主要原因可归纳为：

（1）浸没燃烧采用高负荷、高效能燃烧器，燃烧设备体积小，火焰稳定，燃烧完全，减少或消除了不完全燃烧损失。

（2）热烟气与液体直接接触，使液体沸点下降，液体可在低温下蒸发。

（3）气－液两相通过强烈扰动的气泡表面进行传热，传热强度大、速度快，致使传热过程接近热力学平衡状态，排烟温度接近液体温度，从而减少了排烟热损失。

2. 适用于腐蚀性强、黏度高、易结晶、易结垢的液体加热和蒸发

3. 烟气在高温区滞留时间非常短，减少了 NO_x 的产生量

（八）浸没燃烧法存在以下几个问题

（1）污染被加热液体。烟气与液体直接接触时，烟气中的某些组分会进入液体中，污染液体。

（2）烟气中某些组分与被处理液体可能起化学反应。

（3）飞沫大。烟气在离开液体时会携带大量的液体飞沫。为减少飞沫带出的损失，应适当加大贮槽的上部空间，控制单位表面的蒸发量，如将蒸发量控制在 70～120kg/m^2·h 范围内可降低飞沫量。此外，在排烟系统安装气－液分离器可将烟气带走的飞沫分离出来。

（4）动力消耗大。工程上浸没管的浸没深度在 400～800mm，由于升气管与浸没管之间为气液混合物，因此燃烧室所受背压低于 4000～8000Pa，但比一般燃烧器所受背压仍要大得多。此外，高负荷燃烧器也需在较高压力下运行，空气所需压力为10000～20000Pa，动力消耗较大。

（5）不凝性气体不利于冷凝器的余热回收。为回收排出烟气所带走的热量，常使用多重效用罐，但由于烟气中不凝性气体的存在，大大降低了冷凝器的传热系数，使回收的余热减少或使冷凝器的换热面增大。

（6）不适用于可燃液体、发泡液体的加热和浓缩。

二、改良型浸没燃烧法

前述的浸渍型浸没燃烧法，其特点是负荷高、热效率高，这是靠高温烟气穿过厚厚液层，以高动力消耗换取的。为克服浸没燃烧动力消耗大的缺点，出现了改良型浸没燃烧法，它有填充层型、两相流型和多孔板型三种形式。

（一）填充层型浸没燃烧装置

这种燃烧系统壳体由耐热玻璃制造，其中填充1/2拉希格圈时，其填充高度为30cm。填充层型浸没燃烧器的工作过程是高温烟气离开燃烧室，经气流分配器从下而上流经填充层，液体经过液体分配器从上向下喷淋，流经填充层，在填充层内，两者相互混合，进行直接接触换热。这一换热过程受到许多因素的影响，如填充方法，填充物的种类、大小、空隙率、表面积，填充层高度，液体及烟气流量，塔径，气体流过空塔的速度，压力损失，液体及烟气的性质等。

（二）两相流型浸没燃烧装置

该型系统高温烟气离开燃烧室，进入气－液混合室，在此与水垂直相遇。气－液两相充分扰动，烟气将热量传给水。气－液之间的传热在两相流管内进行完毕。该装置的主要特点是由气－液两相直接接触而提供换热表面，换热情况与设备结构和两相流态有直接关系。换热过程主要与下列因素有关：

（1）水的喷射方式。可以是垂直喷射或旋转喷射。

（2）混合室、两相流管的型式和构造尺寸，如管径、管长等。

（3）液－气比影响气液换热面的大小。

（4）空塔速度决定两相流体的流动状态和装置内的压力损失，是决定两相接触面的主要因素。

（三）多孔板型浸没燃烧装置

该型系统在塔式装置内装有多孔板或格子栅，液体由塔上部喷淋而下，沿多孔板孔口下流，烟气由塔下部送入，穿过板上小孔及液层上升。随着塔内两相流体的流动状况的变化，气液沿孔板流动的情况也处于不断变化中。

液体在某一瞬间经过栅板的一部分开孔向下流。而烟气却经过栅板的另一部分开孔向上流。在流过气体的那些栅板开孔周围，栅板上的气液相（泡沫层）高度将逐渐增高，当高度增加到使栅板上面液体的静压力与气体压力之和大于栅板下面的气体压力之和时，液体便经过这些气体流动向下流。在流过液体的那些栅板开孔周围，由于水不断下流，使栅板上面气液相高度逐渐减小，当高度下降到使栅板下面的气体压力大于栅板上面液体的静压力与气体压力之和时，气体便经过这些开孔向上流。这样，液体下流的一些开孔与气体上升的一些开孔顺次地自动交替。气液两相在栅板上的泡沫层中直接接触。气液流动的交替、泡沫层的扰动，使得栅板上两相接触面不断更新，为传热强化提供了条件。

影响该装置换热的主要因素是板上的两相流体力学状况。而两相流态又取决于孔板结构、气液流量、性质等，其中包括多孔板的孔径、开孔率、节距、板厚度、液气比、泡沫层高度、滞留液量及范围、空塔速度及烟气特性等。

该装置具有强化传热过程、提高传热效率及减少流体阻力等优点；缺点是设备结构较复杂，处理腐蚀性物料时会腐蚀设备。

第四节　催化燃烧技术与装置

催化燃烧是指燃气在固体催化剂表面进行的燃烧。该技术于 1916 年由法国人吕米尔和艾尔克发明，首次使汽油在低温下进行催化燃烧。1963 年美国煤气协会提出了扩散式与预混式两种催化燃烧器的基本结构。

之后德、法、英、日等国也都研制了以液化石油气、天然气、轻制油为原料的催化燃烧器。近年来，催化燃烧技术在我国也逐渐得到发展，并应用于工农业生产，如用于烘烤油漆涂层，使其干燥、固化，用于干燥电焊条，用于净化汽车尾气及可燃性工业尾气的处理等。在节约能源、提高产品质量及防止污染方面有显著效果。

一、催化燃烧的特点及应用

与其他燃烧方法相比，催化燃烧具有下列特点：

（1）燃烧温度低。催化作用降低了燃烧反应的活化能，使燃烧反应能在较低的温度下进行。扩散式催化燃烧温度一般在 400℃ 以下。催化燃烧不产生火焰，可将燃烧器接近被加热物体，从而缩短加热时间。

（2）由于催化燃烧板面温度低，辐射射线的最大波长（单色辐射力最大时的波长）为 4 ~ 6μm，处于红外线范围内，即燃烧产生的大部分热量以红外线形式向外辐射。

（3）燃烧完全，烟气中的 NO_x 含量低。由于燃烧反应温度低，也减少了 NO_x 的产生。

（4）催化燃烧板面温度均匀。

（5）催化燃烧器形状可随用途而改变。

通常，催化燃烧器可用于以下方面：

（1）干燥。催化燃烧板辐射的红外线波穿透性强，能穿过相当厚的物体，如四层粗布、五层胶片、7mm 厚的新鲜面包、5mm 厚的石英砂等。因此，用催化燃烧进行物料的辐射干燥，其特点是表面与内部的干燥同时进行，干燥速度快，且不存在由加热过程引起的空气对流而扬起灰尘。催化燃烧可广泛用于涂层、喷漆、针纺织品、木材、树脂、电焊条等物体的干燥。

（2）采暖。用催化燃烧进行的采暖，属于低温辐射采暖。其特点是低温辐射极为温和，给人以柔和的舒适感，且燃烧完全，烟气中有害物浓度极低，局部采暖热损失小，可用于帐篷、野营住宅、室外作业人员的采暖。

二、催化燃烧反应过程

燃气与空气混合物在固体催化剂表面进行的催化燃烧反应，属于多相反应中完全氧化反应（深度氧化），它与化学工业中应用的不完全氧化反应（轻度氧化）不同，催化燃烧可使气体分子完全破坏，燃烧最终生成物为二氧化碳和水，同时放出热量。

目前关于多相催化反应有三种理论：活化中心理论、活性络合物理论和多位理论。

活化中心理论认为，固体催化剂表面的棱角、突起和缺陷部位，其价键具有较大的不饱和性，对气体分子具有很大的吸附力，这些地方便是活化中心。催化剂表面的活化中心对反应分子的化学吸附，使反应分子变形而得到活化。

活化络合物理论认为，参加燃烧反应的分子被催化剂的活化中心吸附后，与活化中心形成一种具有活性的络合物，使原来分子的化学键松弛，从而降低了反应的活化能。活化中心理论和活性络和物理论都未考虑活性中心的结构，因此不能充分解释催化剂的选择性。

多位理论认为，表面活化中心的分布并不是杂乱无章的，而是具有一定的几何规律性，只有当活化中心的结构与参与燃烧反应的分子结构成几何对称时，才能形成多位活化络合物，从而产生催化作用。

上述三种理论的共同点是均认为催化剂表面存在活化中心，且认为反应物分子与活性中心作用，使反应分子价键发生松弛，有利于新键的形成。

多相催化燃烧反应过程包括化学过程和物理过程，共分五个阶段：

（1）参与燃烧反应的气体分子向催化剂表面扩散。

（2）参与燃烧反应的气体分子被催化剂表面吸附，使气体分子处于活化吸附状态。

（3）处于活化吸附状态的分子进行反应，形成燃烧产物。

（4）燃烧产物的脱附。

（5）脱附后的燃烧产物向外空间扩散。

燃气在催化剂作用下，燃烧反应沿着新的途径进行，新的途径所需的活化能小，燃烧反应速度快，因此燃烧反应可以在较低温度下进行。

同一种可燃气体使用不同催化剂时，燃烧反应所需的活化能不同，燃烧速度也不同。

同一种催化剂对不同可燃气体，其燃烧起始温度也不同。可燃气体中反应性能最好的是氢，最差的是甲烷，一般的可燃性气体在这两者之间。实验表明，在碳氢化合物中甲烷催化燃烧所需的温度比其他碳氢化合物都高，其原因是甲烷分子为正六面体，价键不易被破坏因而最难进行催化反应。

三、催化剂

催化燃烧常用固体催化剂，它通常由活性物质、助剂和载体组成，为了便于成型或改变催化剂的孔结构，还可以加入成型剂或造孔剂。

对于组分不同的燃气，不同的催化剂表现的活性是不同的，即使同一种催化剂所表现的活性也是不同的。催化剂的活性主要取决于催化活性物质，因此对催化燃烧来说，选择合适的催化剂是极其重要的。

目前国内外从事催化燃烧的研究人员，为改善燃气燃烧性能，用各种催化活性物质进行各种可燃气体的催化燃烧试验。试验结果表明，贵金属铂、钯是甲烷燃烧最活跃的催化活性物质，而金属氧化物的催化作用则较差。

对于甲烷燃烧来说，催化活性物质的排列顺序为：

$Pd > Pt > Co_3O_4 > PdO > Cr_2O_3 > Mn_2O_3 > CuO > CoO_2 > Fe_2O > V_2O_5 > NiO > Mo_2O_3 > TiO_2$

对于其他的碳氢化合物和一氧化碳也存在类似的排列顺序。此外，催化作用还与载体、助剂的性质及催化剂的制作方法、过程等有关。

助剂是在催化剂中的少量物质，它本身没有活性或活性很小，但加到催化剂中后，能改变催化剂的特性，提高催化剂的选择性并延长催化剂的寿命。助剂的种类、用量和加入方法不同，其作用也不同。

载体是催化活性物质的分散剂、黏合物或支持物，其主要作用是增加催化剂的有效表面积，提高合适的孔结构和活性中心，提高催化剂的机械强度、热稳定性、抗毒性、节约催化活性物质的耗量。用于催化燃烧的载体材料主要有 $\gamma-Al_2O_3$ 纤维、硅酸铝纤维、玻璃纤维、石棉、高硅氧等。这些材料均具有空隙率高、透气性好、表面积大、耐热性能好、热容量小、有足够的稳定性以抵抗催化活性物质、燃气及燃烧产物的化学侵蚀及热作用。

高活性催化剂常易被微量外来物质所污染，使催化剂活性和选择性下降，这种现象叫作催化剂中毒，而外来的微量物质叫作催化剂毒物。

燃烧用催化剂毒物主要来源于参与燃烧反应的燃气和在催化剂生产过程中可能混入的毒物。催化剂中毒主要是因为催化活性物质与毒物间发生某种化学作用，使催化剂表面被破坏或被遮盖，从而使其活性下降，例如在0.16%砷作用下，铂的活性将下降一半。一般来说，催化剂中毒的性质和强弱与催化剂的种类、催化反应温度有关。催化燃烧中常用的钯、铂催化剂，其主要毒物是硫化物（H_2S、SO_2），汞、铅、铋、锡、镉、铜、铁也能引起钯、铂催化剂中毒。

四、催化燃烧器

根据不同的工艺要求，催化燃烧器可以做成各种形式；根据不同的空气供应方式，可将催化燃烧器分为两大类：引射式与扩散式。

催化燃烧器和普通红外线辐射器的构造基本相似，其主要区别在于燃烧板。扩散式催化燃烧器的辐射板面温度通常低于400℃，其辐射强度最大的辐射波长为4～6μm。这种红外线可渗透到被加热物体的较深处，对加热、干燥十分有利。为了使燃气充分燃烧，必须保证足够的空气扩散到燃烧板面，同时使燃烧产物迅速离开板面扩散到空间。

扩散式催化燃烧器的工作原理是燃气经燃气分配管上的小孔进入辐射器，然后均匀地流过催化燃烧板。燃烧用的空气借助扩散作用由周围大气流向燃烧板，点火后在催化燃烧板上进行催化燃烧反应。催化作用的结果使燃烧反应在较低温度下进行（400℃左右），该温度就是燃烧板面所达到的温度。上述过程包括燃料燃烧及热量传递两个方面。燃气和空气不断流向燃烧板面进行催化燃烧，燃烧板面连续地进行低温辐射，将热量传给被加热物体。

引射式催化燃烧器为预混式燃烧器，其燃烧温度比扩散式高，所辐射的射线波长与红外线辐射器的射线波长相近，工作原理也基本相同，所不同的是在燃烧板上进行催化燃烧。

第五节　脉冲燃烧技术与装置

脉冲燃烧最早可追溯到18世纪末人们发现的燃烧驱动的振荡现象，这种振荡在许多燃烧系统中都会发生。当时研究这种现象的主要原因是它会产生过大的噪声和振动，严重时甚至可能破坏燃烧装置及其附属设备，所以人们往往将注意力集中于如何消除这一振荡。

直到利用燃烧振荡现象有利一面的脉冲燃烧技术出现。迄今为止，关于脉冲燃烧技术的研究与能源的研究与开发紧密相关，经历了一个相当长的反复过程。

1900 年 Gobbe 申请了第一个脉冲燃烧装置的德国专利，但由于控制气流循环的装置过于复杂，没有得到实际应用；1906 年，埃思诺·皮特里申请了法国专利，这种燃烧器使用机械瓣阀，依靠气柱的自然振荡来吸入和排出气体；1909 年法国人马康奈研制了气动阀式脉冲燃烧器。这些研究工作最后导致了 1941 年第二次世界大战末期 V1 蜂鸣飞弹的出现。由于与现代的涡轮喷气发动机相比，V1 飞弹之类的用于产生反冲力的脉冲燃烧装置的效率较低，因此没有得到发展。

“二战”后美国 NACA 曾对脉冲燃烧喷气发动机进行了研究，由于其效率不高，随着火箭发动机和原子能的发展，研究中止。

在 20 世纪 50 年代和 60 年代，对脉冲燃烧技术应用于透平和加热用途上有少量的研究；鲁卡斯－罗泰克斯脉冲式家用热水锅炉曾在加拿大市场上销售了几年。由于当时的燃料价格较低，脉冲燃烧器的噪声又较大，故未能得到推广。

自 20 世纪 70 年代能源危机以来，燃料价格上涨，促使人们对脉冲燃烧技术重新产生兴趣，对它进行了系统的研究；到 80 年代，脉冲燃烧研究已进入了实用性开发阶段。现在美国、日本、欧洲等，都在致力于开发工业、商业、采暖和民用的脉冲燃烧装置。

脉冲燃烧器的结构紧凑，正常运行时不需外界能源且燃烧强度大，传热系数高，污染物排放量低；正是这些优点吸引着人们的注意。我国对脉冲燃烧技术的研究，由同济大学起步于 20 世纪 80 年代初期，迄今已成功地开发了暖风机、热水炉等产品；从节能和减少环境污染的角度来看，进行这方面的研究是非常有必要的。

一、脉冲燃烧装置的运行原理

脉冲燃烧装置由燃料供应系统、空气供应系统、燃气阀、空气阀、燃烧室、尾管（共鸣管）、进气去耦室、二次换热系统、点火器及进出口消音器组成，其中进气去耦室的作用是将空气及燃气供应系统与燃烧室中的气流振荡分隔开，排烟去耦室将燃烧室和尾管中的气流振荡与下游部件分开。

脉冲燃烧装置可以使用气体燃料、液体燃料和粉末状固体燃料。燃气和空气可以通过各种形式的阀门进入燃烧室，对于液体和固体燃料，可以直接喷入燃烧室，也可以随空气进入燃烧室。

最简单的脉冲燃烧器可以由燃烧室和尾管两部分组成，燃烧室的一端开口，另一端装有空气阀和燃气阀；启动时燃气依靠自身压力、空气依靠鼓风机送入燃烧室，通过电火花点火；点火后，燃烧室内压力和温度急剧升高。由于燃烧室为正压，促使进气阀关闭，空气和燃气便停止进入，燃烧产物在正压作用下向排烟口（开口端）排出。由于气体排出时存在惯性，在燃烧室内形成负压，导致进气阀重新开启，燃气和空气靠负压吸入燃烧室（这时已不再需要自身压力或鼓风机）；与此同时，一小部分燃烧产物也从尾管返回燃烧室。燃气－空气混合物进入燃烧室后即被点燃，并开始下一个燃烧循环。

使用空气动力阀脉冲燃烧器的工作循环，其压力－比容的变化曲线和柴油机很相近，共由四个过程组成。

1. 点火及燃烧

该过程始于空气－燃气混合物被点燃，至于点火机理，目前仍然有多种说法：普特奈姆等认为是燃烧产物回流到燃烧室所致，或由燃烧室内残留的热量与振动波共同作用所致；而克雷默等则认为是处于回流区的活性反应微粒和残余的炽热燃烧产物将新鲜的空气－燃气混合物所点燃，着火后，燃烧区的气体迅速膨胀，气流向进、出口两个方向运动（对机械瓣阀，仅有朝向尾管方向的流动）。

2. 气体膨胀

在此阶段，气体膨胀向外流出，最后由于烟气排出的惯性作用，燃烧室内的压力降到大气压以下。

3. **燃烧产物返回**

在此阶段，燃烧产物从空气动力阀返回燃烧室，稍后也从尾管返回，燃烧室内的压力逐渐回升。

4. **重新进气及压缩**

随着燃烧产物的返回，新鲜的空气和燃气也从进气口吸入，急速的混合导致燃烧室内迅速燃烧并开始下一个燃烧循环，如此周而复始。

必须指出的是，上述脉冲燃烧的基本过程是发生在燃烧器中的真实过程，至于详细的控制机理（比如重新点火、混合、燃烧等过程），目前仍有许多地方尚在研究中。

总地来说，脉冲燃烧器可以看作一台靠自身动力驱动的共鸣器，其频率由燃烧器的几何尺寸和气源成分所决定。在系统运行过程中，以振荡形式出现的正压和负压，是燃烧器得以持续运行的基础。

二、脉冲燃烧器的形式

脉冲燃烧器的形式很多，按照结构形式可分为脉冲罐、斯密特管和亥姆霍兹型燃烧器三种。

1. **脉冲罐**

脉冲罐最早是由雷恩斯特发现并进行研究的。最简单的脉冲罐就是一个一端开口的容器，在容器的底部放置液体燃料，火焰被包在罐内，燃烧产物从开口处排出，空气同时从开口处进入，持续不断地进行燃烧。在罐中也可放置一环形物（引射器），其作用是迫使进入的气流直冲罐的底部，形成一稳定的旋流系统，以帮助进气及点火。在脉冲罐的尾部加装一扩张管作为共鸣器，就构成一脉冲燃烧器。

脉冲罐结构简单，燃烧强度高，但其刺耳的噪声阻碍了它的发展，据报道，早期的脉冲罐所发出的噪声可传至9km之外。在现代的脉冲燃烧产品中，脉冲罐这一结构几乎从未采用过。

2. **斯密特管**

斯密特管是一根圆柱形或略带锥度的管子，一端装有燃气和空气进气阀门，另一端敞开。斯密特管式脉冲燃烧器按定容模式运行，点火极快，压力上升也很快。这种模式有利于产生飞机前进所需的反冲力，但其压力升高按阶梯式进行，排气速度变化也较大，这不符合人们对推进器的期望。“二战”中 V1 蜂鸣飞弹采用的就是斯密特管式燃烧器。

3. **亥姆霍兹型脉冲燃烧器**

亥姆霍兹型燃烧器的结构与斯密特管相似，但其尾管直径小于燃烧室直径，这就形成了如同亥姆霍兹共鸣器的声学系统，即具有一个小孔的声学封闭系统，所产生的频率与其几何尺寸有关。近几十年来绝大多数脉冲燃烧器均为亥姆霍兹燃烧器。

按照进气阀门的形式，又可将脉冲燃烧器分为机械瓣阀、空气动力阀和旋转阀三种。

机械瓣阀由阀片和支撑板组成。面向燃烧室的支撑板还具有防止火焰对阀片侵蚀的作用。

空气动力阀又叫作气动阀，它可以是简单的钻孔或喷嘴，也可以是复杂结构。空气动力阀可以在高温下工作，能经受空气中固体颗粒（如煤粉）的侵蚀。为此，空气动力阀应具有较大的正反气流比，即正向流动（顺流）的阻力要小，反向流动的阻力要大。

旋转阀是利用电动机带动穿孔的圆盘，交替遮断与开启空气供应管，其频率应与燃烧器的共鸣频率相一致，其差值应在 1% 以内。在当前开发的脉冲燃烧器中，旋转阀不常应用，它已不属于依靠自身动力来引起脉冲燃烧的范畴。

三、脉冲燃烧器的运行特性

脉冲燃烧技术由于其复杂的内在控制机理，到目前为止仍有许多学者在进行研究，所得出的结论也有一定的差别。此处仅介绍较成熟的关于脉冲燃烧器运行特性方面的结论。

1. 燃烧器的热负荷与运行频率、CO 排放量的关系

随着燃烧器热负荷的增加，燃烧器的运行频率逐渐增大，主要有以下两个原因：

（1）在一定的换热条件下，热负荷的增大使燃烧器内气流的平均温度升高，声速增大，燃烧器的运行频率提高。

（2）燃烧室内压力振荡随着热负荷的增加而加强，驱动空气阀门和燃气阀门的作用力增大，使得阀门的开关变得频繁，燃烧器的运行频率提高。

在燃烧器结构不变的前提下，其烟气中的 CO 含量与热负荷呈“U”形曲线关系，其原因是：在热负荷较低时，燃烧导致的压力振荡较弱，由此产生的混合作用也相应较弱，使燃烧不完全；随着热负荷的增加，燃烧导致压力振荡的混合作用逐渐增强，CO 排放量随之降低。在某一热负荷下，燃烧产生压力振荡的混合作用与空气、燃气的供应达成最佳匹配，使 CO 下降到最少；随着热负荷的继续增大，振荡导致的混合作用不再显著增加。燃烧室内的压力波负峰值基本上与热负荷无关，此时空气的供应基本上不再变化，由于空气供应的不足，导致不完全燃烧，使烟气中的 CO 含量急剧升高。

2. 燃烧室内的压力振荡幅值与热负荷的关系

在脉冲燃烧过程中，燃烧室内的压力呈现正负交替的变化，其频率即为燃烧器的运行频率。一般来说，随着热负荷的增加，燃烧室内压力波的正峰值相应增大，而负峰值基本不变，压力波的负峰值是燃烧器几何结构的参数，与热负荷无关。所以，燃烧室的平均压力随着热负荷的增加，也呈现增大的趋势。

脉冲燃烧器中燃气、空气的供应都是依靠燃烧室内的压力波来完成的。所以，随着热负荷的增加，驱动空气供应的压力波的负峰值并未增大，这就导致空气的供应量未随热负荷的增大而相应增加，燃烧过程中的过剩空气系数逐渐减小。

四、脉冲燃烧器的优缺点

（一）优点

（1）脉冲燃烧器的结构相对简单，最简单的脉冲燃烧器仅包括空气阀、煤气阀、混合室及燃烧室、尾管等几部分。

（2）除在启动时需要点火和鼓风外，正常运行时点火和排烟不需要外界能量，节约电能。

（3）正常燃烧时，燃烧室内平均压力高于大气压，为正压排气；脉冲燃烧器不依靠烟囱的抽力，排烟温度没有下限，可充分利用烟气中的潜热；由于是正压排气，不必考虑烟囱的设置位置，安装自由度较大，一般只需用一根直径不大的管子将烟气排至室外即可；排烟受风的影响也较小，若采用适当的防风措施，即使在强风下也能安全运行。

（4）燃烧强度大，可达 $4\times10^{6}\sim10^{7}kJ/m^{3}\cdot h$，比普通燃烧器大几倍。

（5）传热系数大，由于气流的脉动作用，燃烧室和尾管内的传热系数可达 $320\sim630kJ/m^{2}\cdot h\cdot K$，比非脉冲燃烧器高一倍。

（6）热效率高，比目前最先进的燃烧装置高近 10%；当用于热风采暖时，运行效率可达 96%；当用于热水锅炉时，效率可接近或超过 100%（按低热值计）。

脉冲燃烧装置热效率高的原因主要是：在声波的作用下，混合与燃烧加剧，在保证燃烧完全的前提下，空－燃比可尽量接近化学计量比，减少了烟气排放量；由于传热系数大，在不增加传热面积的情况下可提高热效率；由于排烟温度没有限制，可降低到零点以下，利用了烟气潜热；正压排气使排气管管径减小，散热面积减小，从而降低了热损失。

（7）NO_x 排放量低，通常只有常规燃烧器的 50%。

（二）缺点

（1）噪声大，有时会到令人难以忍受的地步，脉冲燃烧器曾被叫作“尖叫燃烧”。

（2）负荷调节比小，脉冲燃烧器只有在一定的热负荷范围内才能保持良好的运行稳定性和CO排放量。

（3）由于振动而引起的设备提前损坏的可能性。

上述脉冲燃烧器的缺点，在研究人员的努力下已经或正在被克服，使得脉冲燃烧技术越来越能够满足实际应用。

五、脉冲燃烧装置的应用前景

脉冲燃烧作为一种新的燃烧技术，具有高效、低污染的特点。普特奈姆曾对脉冲燃烧器的应用前景进行了较全面的考察，其中有些用途正在被积极开发，有些用途现在已取得了相当程度的推广。

脉冲燃烧装置具有广阔的应用前景。

产生推进力：推进器、垂直升降设备、产生扭矩、表面清洁除垢。

流体输送：燃气轮机燃烧装置、烟气再循环装置。

液体加热：热水采暖装置、蒸汽发生装置、移动式热水器、液体黏度控制装置、油煎锅、石油化工设备。

空气间接加热：车辆采暖、住宅采暖、工业建筑采暖。

空气直接加热：粮食等的干燥、水混熟化、果园采暖、军用烟雾发生器、杀虫烟雾发生器、机械设备加热装置、工业炉窑及烘房、烟雾燃烬器。

第六节　其他节能燃烧技术与装置

一、自身预热式辐射管

自身预热式辐射管由空气冷却结构的燃烧器头部、燃烧喷嘴（稳焰装置）、内管和外管所组成，其特点是将炉子的换热器化整为零，与燃烧器结合成一体，其体积较普通燃烧器小。燃气和空气的进口与燃烧后的烟气出口在同一端，燃气通过内管进入，在内管顶端改变方向，进行燃烧；烟气在加热外管后，在燃烧器头部的热交换器内与燃烧用空气进行热交换，之后被引向排烟管排出。

自身预热式辐射管通常用于800℃～1000℃的工业炉，能回收烟气中的大部分余热。

自身预热式热辐射管的主要性能如下：

（1）自身预热辐射管其实是一个内装热交换器的间接加热燃烧器，在使用燃气时，热效率可达60%，运行成本也较低。

（2）热辐射管的表面温度分布偏差在±30℃以内，能确保炉内温度均匀。

（3）自身预热辐射管能较好地利用燃气燃烧的特性，调节比大，可达5：1，过剩空气系数低，α 通常为1.2左右，且燃烧稳定，排烟温度可降到550℃。

（4）由于采用了间接加热方式，故可按照需要自由选择加热的可控气体，可用于辉光热处理炉、管坯加热炉玻璃窑、盐浴炉、渗碳炉、氮化炉等，特别适用于间歇式炉窑或室式炉。

（5）运行噪声低，一般在70dB以下；烟气中的NO_x为100ppm，显著降低环境污染。

（6）排烟易集中处理，可通过管道集中后用于干燥炉等，热能利用率大大提高。

实际上，自身预热可与前述的各种燃烧器相结合，以取得综合效果，例如，自身预热技术与平焰燃烧器结合可成为平焰自身预热燃烧器，与高速燃烧器结合可成为高速自身预热燃烧器。

二、可调火焰燃烧器

可调火焰燃烧器用于焙烧陶瓷、砾石和类似材料的回转窑上。这种燃烧器可调节火炬的长度和发光度，以满足被加热物体的工艺需要。旋转手轮可使拉杆带动燃气分配器或进或退，从而改变燃气喷出状况来调节火炬的长度和发光度。

可调火焰燃烧器的特点是：在轴线方向上设有可移动的燃气分配器，保证燃气沿两路供入炉内，通过调节可以形成完全扩散型、完全动力型或过渡型火炬；装设节流装置，保证了在各种燃烧情况下都有一定的燃气压力和流量。

该燃烧器由于可根据工艺要求调节火炬长度，又能在低燃气量时保持原来的火炬长度，实际上取得了节能的效果。

三、低 NO_x型燃烧器

改进燃烧方法以降低烟气中的 NO_x 含量，最简单、有效的方法是采用低 NO_x的燃烧器，对于中小型设备更是如此。这是用燃烧器本身的作用来控制 NO_x生成的方法。低 NO_x燃烧器主要是使燃烧温度降低、燃烧区域内 O_2浓度降低、缩短在高温区的停留时间以控制热 NO_x的产生。

低 NO_x燃烧器种类很多，常见的有以下几种：

（1）利用燃气或空气吸引炉内烟气，在燃烧器内部进行循环，在低 O_2浓度下燃烧的自身回流型燃烧器。

（2）进行快速混合、燃烧，使高温燃烧时间缩短的混合促进型燃烧器。

（3）使燃烧分散进行，以防止局部高温的分割火焰型燃烧器。

（4）空气两段或多段供应的阶段型燃烧器。

（5）燃料两段供应的阶段型燃烧器。

（6）在燃烧器头部有不同直径、不同空气比的喷口形成浓淡两种火焰组合起来的浓淡型燃烧器。

在设计这类燃烧器时，要兼顾良好的燃烧性能和低 NO_x两方面的要求，既要 NO_x的排放量低，又要注意节能。

加强燃气与空气的混合、降低过剩空气系数、提高燃烧效率、防止局部高温区的存在、使 NO_x降低的燃烧器，就可达到节能与 NO_x控制的双重效果，这种燃烧器称为节能型低 NO_x燃烧器。

（一）自身回流型低 NO_x燃烧器

这种燃烧器是使燃烧器的燃烧性能和低 NO_x性能两方面结合起来，并满足节能要求。它由使空气进行强烈旋转的装置及使旋转空气增速并喷入炉内的狭窄砖道所构成。在有很强旋转力的空气流及将空气流增速的狭窄砖道作用下，形成强烈旋转的火焰，燃烧的起始点是在砖道的出口外，火焰是在炉内形成，而不是像普通燃烧器在火道内形成火焰——这是该种燃烧器控制 NO_x的特征之一。这种燃烧器主要抑制热 NO_x的产生，其控制机理如下。

（1）缩短 NO_x产生的时间

空气的强烈旋转，在气流的中心区形成很大的负压，由于和周围的正压区有压差，在火焰内部形成了燃烧产物的循环流动，这种循环促进了燃气与空气的混合，使燃烧在短时间内完成，降低了 NO_x的生成量。

（2）使 NO_x生成速度降低

这是由于 NO_x生成区域内温度降低和 O_2浓度降低，现作简要分析：①燃气是在砖道的出口开始燃烧的，火焰向炉内空间放射，不会形成太高的温度，此外，在火焰中心产生的循环气流使火焰温度趋于均匀，不会出现局部高温。故在 NO_x生成区内的整体温度水平不高。②NO_x生成区内 O_2浓度下降有两个方面的原因，其一是在火焰中心区烟气的循环使 O_2浓度降低；其二是旋转气流促进了燃气和空气的混合，可用较少的过剩空气来实现完全燃烧。

使用这种燃烧器可显著降低烟气中的 NO_x排放量。另外，使用这种燃烧器还可以取得良好的节能效果，在大型热处理炉上使用时可节约燃气 15%，在加热炉上可节约燃气 7%。

（二）空气两段供应和高速混合燃烧型燃烧器

这种燃烧器实质上是一个空气两段供应的高速燃烧器，这种燃烧器保持了高速燃烧器的良好燃烧性能和节能的优点，并将高速混合燃烧、两段燃烧、烟气再循环三种作用结合起来，具有低 NO_x 性能。

燃气与一次空气（约 80%）进入燃烧室进行燃烧，室内温度约 800℃，并有稳定火焰的作用。二次空气（约 20%）沿一次燃烧室周围流入，对火道有冷却作用，并在一次燃烧室出口处与烟气进行混合，然后高速流入炉膛，进行二次燃烧，高速流出的烟气使大量炉内气体产生循环，其体积为喷出气体的几十倍以上。

这种燃烧器具有如下特点：

（1）燃烧器本身有燃烧室，燃气与 80% 的一次空气进行强烈混合并燃烧，故有很高的热强度；气流速度达 80 ~ 300m/s，所以烟气在高温燃烧室内的停留时间极短，约为 0.01 ~ 0.03s。

（2）由于实行两段燃烧，一次燃烧室内温度较低，约为 800℃。

（3）烟气高速喷出，二次燃烧区受到循环炉气的冷却。

（4）负荷调节范围大，调节比可达 1∶50。

综上，由于两段燃烧，一次燃烧室内温度较低，加上气流速度高，停留时间极短，故可有效地抑制 NO_x 的生成。另外，由于从燃烧室喷口将燃烧气体高速喷出，使炉内气体回流，促进了温度较低的炉内气体和火焰的混合，降低了火焰温度和局部高温，也有效地减少了 NO_x 的生成量。与普通燃烧器相比，这种燃烧器可降低 NO_x 生成量的 50% ~ 70%。这种燃烧器的缺点是燃烧时的噪声较大。

（三）回流炉气与燃气混合的低 NO_x 燃烧器

这种燃烧器是一种低空气量的节能型低 NO_x 燃烧器，也是一种自身回流式燃烧器。与通常采用的热炉气与空气混合以降低整体的燃烧温度不同，这种燃烧器是热炉气与燃料先进行混合，以防止局部高温的产生。可利用燃气来引射热炉气，也可用空气来引射热炉气（燃烧用的空气从环形喷嘴喷出，由于空气的引射作用将燃烧中的高温炉气引入回流通道进行循环）。这类燃烧器的主要特点有：

（1）高温炉气与燃料在同燃烧用空气混合之前进行混合，在燃烧前先反应生成游离基和中间产物，提高燃烧性能，在短时间内即可完全燃烧，也可进行高负荷燃烧。

（2）由于高温再循环气体与燃气相混合，使燃气稀释后燃烧，热容量变大，防止了局部高温。

（3）由于热炉气加热燃气，使之温度升高，体积膨胀，加强了均匀混合。

（4）由于再循环气体中 H_2O 和 CO_2 的存在而进行的水煤气反应，抑制了游离碳的生成，不会因有碳粒而产生局部高温，故可抑制 NO_x 生成。

（5）由于热炉气再循环，提高了燃烧性能，不易产生游离碳，故可在很低的过剩空气系数下实现完全燃烧。

此外，这种类型的燃烧器还有本身带有燃烧火道的，可保持火焰稳定。这种燃烧器用途广泛，最适合中、小型工业炉和锅炉设备。实际运行结果是 NO_x 生成量为普通燃烧器的 1/3 以下。由于燃烧所用过剩空气量的降低，排烟热损失大大下降，所以可节约大量燃气。

第六章

余热回收利用技术

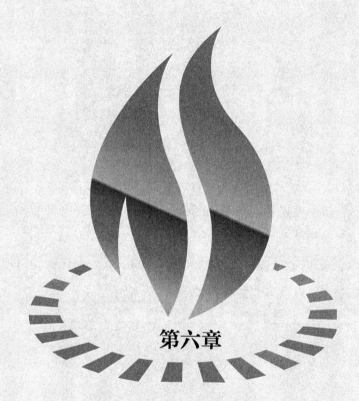

本章首先对余热利用的形式、余热回收的经济性问题，以及确定余热回收方案的原则进行分析。其次对热交换器技术、余热锅炉技术、吸收式制冷与热泵技术、余热的动力转换技术，以及移动蓄热技术分别进行说明。

第一节　余热回收利用技术概述

一、余热及其分类

余热（又称废热）是指被考察体系（某一设备或系统）排出的热载体所释放的高于环境温度的热量或可燃性废物的低发热量，如锅炉排出的烟气及炉渣中未燃尽颗粒所含的热量，冶金行业中的高炉、焦炉、转炉煤气所含的热量也可称为余热。

通常在考察余热资源时都规定一个下限温度，该温度取决于余热利用条件、经济技术等因素，随着技术水平的不断提高，这个温度将接近其最低值——环境温度。

从对余热合理回收利用的角度，可按余热载体将余热资源划分为三种，即固体载体余热资源、液体载体余热资源及气体载体余热资源。另外，按照余热载体的温度水平又可分高温余热（温度高于650℃）、中温余热（温度为300℃～650℃）和低温余热（温度低于300℃）。

需注意的是，在不同的文献中对高、中、低温余热资源的划分标准是不同的，其原因是依据的原则与考察的角度不同。此外，上述的分类方法很难全面考察余热资源的其他特点，例如有的余热资源是连续稳定的，而有的余热资源是间断的；有的余热含有大量的烟尘、颗粒，而有的余热则较为清洁。所以在确定余热回收利用方案时，既要考察其数量的多少、质量的高低，又要考察其具体的特点。

二、余热利用的三种基本形式

根据热力学的观点，余热利用可以分为三种基本形式：余热的焓利用、余热的㶲利用、余热的全利用。下面分别介绍余热利用三种基本形式的特点。

（一）余热的焓利用

余热的焓利用是指仅与余热回收量的大小有关，而与其温度水平无关的热利用，通常根据热力学第一定律确定其利用效果。

例如，在加热装置中用燃气将某一质量为 m、比热为 C_p 的物体由初温加热至 T_2所需要的热量为：

$$Q_1 = mC_p（T_2 - T_1）$$

如果利用该加热装置排出的余热，被加热物体预热至 T_3 后再进入加热装置，则回收的余热量为：

$$Q_2 = me_p（T_3 - T_1）$$

其节能效果为：

$$\eta = \frac{Q_2}{Q_1} = \frac{T_3 - T_1}{T_2 - T_1}$$

由此可见，节能效果仅与温差有关，而不论其温差之比为 200/400 或 20/40，其节能效果相同。

按照余热利用的场所，余热的焓利用可分为装置外利用和装置内利用。例如，用空气预热器来回收工业炉排烟余热，若预热后的空气又返回工业炉，称为装置内利用；若预热后的空气用于干燥、采暖等目的，则称为装置外利用。

必须指出，尽管余热的焓利用效果仅从回收余热的数量上进行评价，但它对高质量可用能的节省也是不容忽略的。例如，通过空气预热器加热助燃空气后再送入工业炉、对加热炉进行良好的保温等，都可达到节省燃料（即高质量可用能）的目的。

（二）余热的㶲利用

余热的㶲利用，即回收余热的㶲（可用能），使其转化为有用的动力。余热发电就是余热㶲利用的典型形式。

如图 6－1－1 所示，在 T－S 图中面积 *abcd* 表示温度为 T 的某物质的㶲值，即最大可回收的可用能。在余热的㶲利用中，通过某种工质使其完成一次动力循环。从图6－1－1可见，若以水为工质，其朗肯循环为 *cdefc*，面积 *cdefc* 即代表实际可回收的㶲，由于水的汽化潜热很大，在T－S图上水平段很长，㶲效率就低；若选用氟利昂做工质，由于氟利昂的汽化潜热小而比热大，其朗肯循环如图6－1－1中虚线所示。

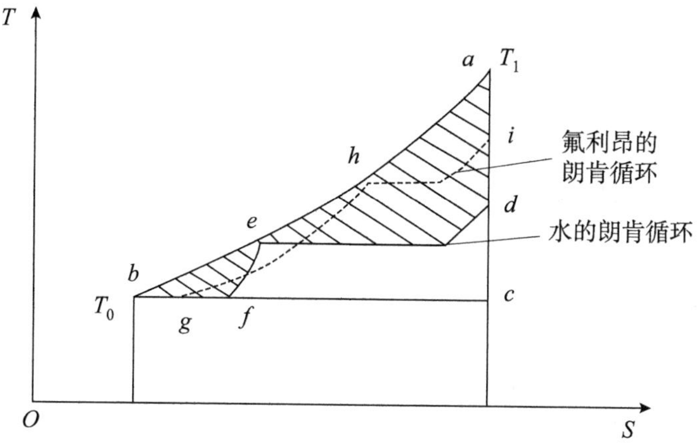

图6－1－1　氟利昂和水的朗肯循环

根据㶲效率的定义，以水为工质的朗肯循环的㶲效率为：

$$\eta_x = \frac{S_{cdefc}}{S_{abca}}$$

而以氟利昂为工质的朗肯循环的㶲效率为：

$$\eta_x = \frac{S_{ghicg}}{S_{abca}}$$

由此可见，以氟利昂为工质与以水为工质相比，其㶲效率较高。在余热的㶲利用中，工质及循环的选择是至关重要的。

（三）余热的全利用

余热的全利用是上述两种余热利用形式的综合，既利用余热的㶲，又利用余热的焓。现举例说明，凝汽式汽轮发电机组和背压式汽轮发电机组。前者主要用于提高电能，属于㶲利用的形式；而后者既用于发电，又提供工艺用蒸汽，属于全利用形式。

在背压式汽轮发电机组中，锅炉产生的温度、压力较高的蒸汽先进入汽轮机做功，发出电能，然后再将具有一定压力的蒸汽送入工艺设备使用，蒸汽变成凝结水后送回锅炉。采用这样的全利用形式，可将凝汽式汽轮发电机组的能源利用率由30%提高到85%。

（四）三种余热利用形式的讨论

余热的焓利用、㶲利用和全利用三种方式比较，可以发现，在余热的温度较低时，宜采用焓利用的形式；而在余热的温度较高时，可采用㶲利用或全利用的形式。在确定余热利用方案时，另一个因素是余热资源的特点：即余热是连续的还是间断的，是否含有杂质、颗粒等。

三、余热回收的经济性问题

（一）可回收余热所应满足的条件

在确定如何合理回收、利用余热时，一个必须考虑的问题是回收的经济性。当然，在能源的开发、运输、使用的全过程中，都存在着经济性问题，即从经济的角度来看所确定的技术方案是否合理。但在余热回收时，这一问题就变得更加突出。

一般来说，在满足下列条件时，可考虑余热的回收利用：

（1）余热的数量较大、可集中起来。

（2）余热的产生量相对稳定。

（3）余热具有较高的温度。

（4）回收利用的余热，从使用上看与用户的距离近，且供应与需要在时间上一致。

（5）余热载体的腐蚀性要小。

（6）所需的回收设备简单、容易制造加工。

目前，一些发达国家的企业均将余热回收工作放到了很重要的位置，为节能而做出各种努力并取得了一定效果。以日本为例，对余热回收是特别关注的，其化学工业所回收的余热占其节能量的26%，余热回收使得加热、冷却的工艺更为合理。此外，在日本，工业锅炉容量在30t/h以上的，约有80%设置了空气预热器；容量在10~30t/h的，有50%设置了空气预热器。

（二）余热回收的判断标准

从余热管理的角度，对不同的用能设备或系统，应确定一定的标准，来判断其余热利用的优劣程度，换言之，自用能设备或系统排出的余热在怎样一个水平上，就可以说该系统的余热利用情况是较好的、较合理的？在此简要介绍一下日本的有关资料。

（1）就余热回收利用而言，对设备允许温度、回收率、进行回收的范围要制定标准，进行管理。标准对工业锅炉的排烟温度和工业炉的余热回收率作了规定，如表6-1-1、表6-1-2所示。

表6-1-1　　工业锅炉的标准烟气温度

锅炉容量		标准烟气温度（℃）			
		固体燃料	液体燃料	气体燃料	高炉气或其他副产气
电气事业用		145	145	110	200
其他	蒸发量大于30t/h	200	200	170	200
	蒸发量10~30 t/h	—	200	170	—
	蒸发量小于10 t/h	—	320	300	—

表6-1-2　　工业炉标准余热回收率

排烟温度（℃）	标准余热回收率（℃）	余气温度参考值（℃）	预热空气温度参考值（℃）
500	20	200	130
600	20	290	150
700	20~30	300~370	180~260
800	20~30	370~530	205~300
900	20~35	400~530	230~385
1000	25~40	420~570	315~490

（2）要掌握余热的温度、数量状况，另外对余热的有效利用方法要进行周密的调查、探讨。

（3）及时清除热交换器换热面上的污垢，并防止余热载体的泄漏，以保持较高的余热回收率。

（4）防止余热载体在运输过程中的温度下降，防止冷空气侵入，增强绝热、保温性能，改善、提高单位换热面的余热回收量。

（5）设置余热回收设备要考虑综合热效率。

四、确定余热回收方案的原则

（一）余热回收利用的一般原则

前面已介绍了余热利用的三种基本形式，在确定余热回收利用的方案时，首先要考虑余热的温度、数量和使用回收后能量的用户的特点。例如，对高炉的高温烟气，既可用于余热燃烧用的空气，又可通过冷却水冷却、加热氟利昂、转换为动力。

通常，对余热回收可按照下述原则来进行：

（1）高温余热首先用在需要高温的场合，以减少损失。

（2）力图直接利用，减少能量转换次数。

（3）优先用在本身的工程上，如用在其他工程上，其距离与提高余热的地点要近，而且余热的供应与使用在时间上要一致。

（4）若余热热源常停止供应余热，需考虑其他后备热源。

（二）设计余热回收装置应注意的问题

余热回收是一个针对性很强的课题，对不同的余热热源要确定合理的利用方案，需经过经济与技术两方面的比较、选择，在此，仅讨论几个一般性问题。

1. 关于余热排放量

为了避免建设投资的浪费，首先必须了解余热热源所能提供的最低数量的余热。为此要考虑以下情况：

（1）由于工艺过程的变更，使提供余热的设备变更或提供余热的数量发生变化。例如，在钢铁工业中，当采用连续铸造时，就不需要均热炉；又如锻件直接进行锻造，加热炉的负荷就会减小，所能提供的余热量也相应减少。

（2）当改善操作条件，尤其是空燃比时，余热量会减少。据计算，当烟气中的氧含量为5%或2%时，在设置热交换器的情况下，后者比前者在投资额上要少20%～30%，处理1t工件所消耗的燃料量，后者比前者少20%，因此提供的余热量也随之减少。

2. 关于提高余热回收率与设备选用的问题

提高余热回收率是与技术、经济问题密切相关的，要做到技术上可行、经济上有较大收益，需从经济－技术的角度出发，寻求余热回收率的最佳值。

例如，在回收烟气余热时，必须考虑含有硫分燃料的燃烧产物中硫化物的低温腐蚀问题。若为提高余热回收量而将换热器出口的烟气温度降至零点以下，烟气中的水蒸气与硫化物产生硫酸而腐蚀换热面，为此要求换热面采用抗腐蚀的材料，通常可采用不锈钢代替普通碳钢。若避免低温腐蚀，必须控制余热回收量。

又如，空气预热温度会影响燃烧温度，空气预热温度越高则燃烧温度越高，使烟气中的NO_2浓度增加。可通过改进燃烧器的性能来实现降低NO_2含量的目的。

上述的两个例子说明，余热回收率与热交换器的设备费指数有关，高的余热回收率常使设备费的指数增加。可见不能单纯地追求高的余热回收率而安装庞大的热交换器，否则会增大投资，这是不经济的。总之，余热回收率的高低，一定要通过全面的经济－技术比较，才能得到合理的数值。

3. 扩大余热用途、提高动力回收率

余热一般是品位较低的热能，应防止其品位下降、力图扩大其用途、提高余热回收率。为防止品位下降，在余热回收过程中不能混入低温的空气或水，这样也避免了处理量的增加。为了防止有效能量的损失，一定要把供给与需用的温度水平（能级）适当匹配。

第二节　热交换器技术

热交换器作为工艺过程常用的设备，在工业生产中有着重要的地位，特别是在余热回收利用中，借助热交换器回收余热获得热空气、热水、蒸汽等供助燃、干燥、采暖、制冷等工业及生活用能是十分有效的方法。余热回收用热交换器是余热回收中不可缺少的关键设备。本节将介绍热交换器的基本概念并重点介绍热管式热交换器的原理及各种应用。

一、热交换器分类及应用要点

（一）热交换器的分类

热交换器的分类方法很多，按照工作原理可分为间壁式、直接接触式、蓄热式、中间载体式和热管式等；通常是按照热交换器的结构特点进行分类，类型如下。

1. 管式热交换器

包括多管式热交换器、开放液模式热交换器、双重管式热交换器、圆管式热交换器、烟管式热交换器。

2. 板式热交换器

包括螺旋板式热交换器、平板式热交换器、衬套式热交换器、辐射型热交换器。

3. 特殊热交换器

包括空冷式热交换器、热管式热交换器、蓄热式热交换器、全热交换器、其他热交换器。

为发挥热交换器的效能，在选用或设计热交换器时，需注意下列问题：

（1）流体的性质

流体中是否含有污染性或腐蚀性物质，对前者在选用或设计时要考虑一定的清扫措施，对后者需选择耐腐蚀性能好的材质。

（2）温度

热流体的通常运行温度及最高运行温度为多少，这对热交换器的材质、寿命、成本等有重要影响。

（3）压力

通常压力及最大运行压力是多少，这是决定热交换器耐压性的关键，在压力过高时，应按压力容器的有关规范来设计热交换器。

（4）运转时间

即热交换器是连续运转还是断续运转，在断续运转的情况下，积灰和腐蚀加剧，且反复的热膨胀会降低热交换器的强度，这一点在选择热交换器的材质和结构时需重视。

（5）流体是否泄漏

从性能、安全角度看是否允许有一定程度的泄漏。

（二）余热回收用热交换器遇到的问题及对策

1. 余热温度过高

在余热资源温度高于500℃时，热交换器面临的主要问题是材料的耐热性、热膨胀和高温腐蚀。所采用的技术对策如下：

（1）采用耐热合金、耐热铸铁等耐高温材料。由于价格方面的原因，耐高温材料一般仅用在热交换器的高温部位。

（2）合理分配辐射换热面和对流换热面。

（3）合理配置冷、热流体的流向，例如采用部分顺流、部分逆流的方式，即让热流体的入口与部分冷流体的入口同在一处，以降低热流体入口处的壁温。

（4）选择合适的余热回收利用方式。如对1000℃的高温烟气，若利用空气预热器回收余热，则须慎重处理壁温过高的问题；若利用余热锅炉回收余热生产蒸汽，则较易解决材料问题。

（5）设置热补偿节，解决材料热膨胀问题。

（6）选用耐高温腐蚀的耐热铸铁、陶瓷材料等解决高温腐蚀问题。

2. 余热温度过低

在余热资源温度低于100℃，甚至仅有几十摄氏度时，余热回收中的主要问题是：由于传热的温差小，余热回收设备换热面积过大，投资回收期长，经济效益下降。此时的主要对策是采用高效传热面，如采用螺旋管及各种带有促进扰动结构的管件，以降低传热热阻、提高总传热系数；利用扩展表面，在热阻较大的一侧传热面上增设翅片，扩展其换热面；利用沸腾、凝结等相变传热。

3. 积灰及腐蚀问题

在工业炉、化工装置的余热回收中常会遇到积灰、腐蚀等问题，日益引起人们的重视。

由于热交换器的种类繁多而又不断推陈出新，目前已有许多关于这方面的专著及文献。在此，我们只介绍近年来在余热回收领域内日益受到重视的热管换热器。

二、热管换热器

作为新型传热元件的热管最早的一项专利，是在1929年由美国的盖伊所提出的，但由于当时制造等方面的原因，这一先进技术未被重视。直到1964年美国洛斯·阿拉莫斯科学实验室的克鲁佛等，在空间技术迅速发展的有利条件下，进行了大量实验，然后以“热管”为名公开发表了论文和实验结果，从此热管受到了广泛的重视。

（一）原理及构造

热管的工作任务是从加热段吸收热量，通过内部相变传热过程，把热量输送到冷却段，从而实现热量的转移。完成这一转移有6个同时发生而又相互关联的主要过程：

（1）热量从热源通过热管管壳和充满工作液体的吸液芯传递到液－气分界面。

（2）液体在蒸发段内的液－气分界面上蒸发。

（3）蒸汽腔内的蒸汽从蒸发段流到冷却段。

（4）蒸汽在冷却段内的气－液分界面上凝结。

（5）热量从液－气分解面通过吸液芯、液体和管壁传给冷源。

（6）在吸液芯内由于毛细作用使冷凝液从冷却端流回到蒸发段。

热管的结构在轴向包括三个区域：加热段（蒸发段）、绝热段和蒸发段（冷却段）。在横断面上也包括三部分：壳体、吸液芯和蒸汽流道。热管的壳体一般为圆筒状，也可按照需要做成平板状、环状或波浪管状。紧贴内壁的吸液芯的作用是利用毛细作用将冷凝液从凝结段输送回蒸发段，其结构形式主要有以下几种：

（1）均匀芯，如在内壁附以很细的金属丝网或烧结上一层多孔材料。

（2）槽道芯，如在壳体内壁上加工上很细的轴向槽道或螺纹槽道。

（3）复合芯，即在槽道芯的外面再加上丝网芯。

（4）干道芯，在热管内部再放上一支细管，专门用来回流液体。

（二）热管的传热极限

热管的传热能力固然很强，但并不能无限地加大热负荷。事实上，热管的工作能力是受许多因素控制的。如果以热管的工作温度（热管内的蒸汽温度）为分析依据，则可作出如图6－2－1的示意图。图中1～2代表粘性极限，表示热管中的蒸汽流动的粘滞阻力对传热能力的限制；2～3代表声速极限，即热管内的蒸汽流速在某一点上达到当地声速而对热管的传热能力形成限制；3～4 为携带极限，表示热管内部蒸汽流速过高，将回流的冷凝液体部分地从气－液交界面上“撕脱”下来，携带往热管的冷凝段从而破坏了热管的传热性能；4～5 为热管的毛细限，指热管在工作条件下内部的气、液循环流动所产生的压力降和重力场对管内流体的影响，由此而带来的压力损失恰好与热管内吸液芯所产生的最大毛细吸力相平衡；5～6 为沸腾极限，表示热管内加热段吸液芯中的液体受热沸腾所产生的气泡阻碍了正常的液体回流，或者由于径向热流密度过大，从而形成膜态沸腾，使得壁面干涸所产生的传热极限。

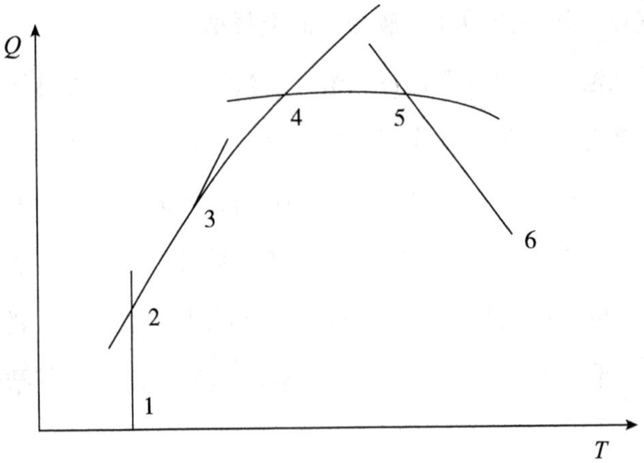

图 6－2－1　热管的传热极限

如图 6－2－2 所示，以热管横断面上的轴向热流密度为纵坐标，以热管两端的温差为横坐标，概念性地对热管的传热极限进行了分类。当热管两端温差为零时，无热量传递，热管内具有均匀的温度 T_0。如热管的一端冷却到 $T_1 < T_0$，而热管的另一端保持 T_0 不变，则热流随着（$T_1 - T_0$）的增大而快速增加（图 6－2－2 中 0～1 段的斜率很大，说明热管此时的导热率很大，可能比相同尺寸的铜棒大几个量级）。当热流到达 1 点时，导热率突然下降到几乎为零，这种下降是由于工作流体冷凝液的回流受到阻碍，正常的汽－液循环被中断。这可能是由于吸液芯内气泡的生成和长大，隔断了液体回流。在这种情况下，

如果改善吸液芯的结构设计，克服上述阻碍，则热流将随着冷端温度的下降而持续上升，直到曲线的平稳段 2。平稳段的出现是由于蒸汽流动的状况阻碍了热流的增大而出现的极限（这种极限是不能通过吸液芯的结构改变而消除的）。蒸汽流动状况影响传热，可分为两种类型：对于惯性力起主要作用的流动，蒸汽可能以声速离开蒸发段，在蒸发段出口处产生阻塞现象，使热流无法增加，此即所谓的声速极限；对于黏性流起主要作用的流动，不会出现阻塞现象；轴向热流随着冷凝段内压力的不断降低而增大，最后蒸汽压力降为零，即传热的黏性极限。图中点 3 的出现是由于冷却段温度过低，工质已达到了固化点，热管已不能正常工作，引起热流下跌。利用图 6－2－2 可以较系统地对热管的传热极限进行分析。

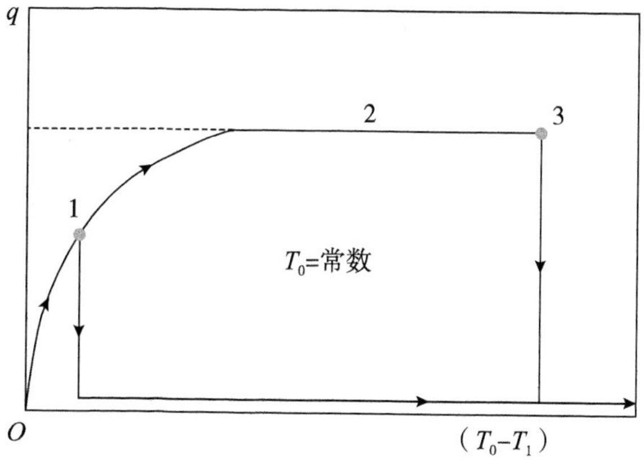

图 6－2－2　对传热极限的解释

（三）热管工作温度及工质的选择

在进行热管设计时，遇到的首要问题是确定热管的工质，工质的选择一般要考虑三个方面的因素：温度因素、物性因素、安全与经济因素。

温度因素是指工质在工作温度下应具有合适的压力，这是最重要的因素，也是首先要满足的因素。理论上讲，工质工作温度的上限是热力学临界温度，下限为工质的凝固点温度，在实际应用中由于管壳材料强度的限制，工质需具有合适的压力，其温度范围要小得多。换言之，若热管内工质的工作压力过高，超过管壳的强度，就会使热管发生爆破现象。另外，若工质的工作压力过低，则可能产生两种不利影响：一是使热管的声速极限、携带极限过低，限制热管的传热能力；二是使管内的不凝气体（由于抽空、清洗等工艺不严格产生的）所占比例增大，致使凝结段端部有相当一段管道不能工作，使热管的传热性能变坏。一般来说，以水为工质的热管的适用工作温度范围为50℃ ~250℃。

（四）工质和管壳的相容性及管材的选择

管壳材料的选择需考虑三个方面的因素，即相容性、物性因素和经济性机械加工性能。在工质确定后，管壳材料就不能随意选择了。工质和管壳的相容性指的是在热管的工作温度范围内，工质和管壳不起化学变化和相互熔解，管壳与换热介质（即余热载体）也不会发生化学变化。

化学不相容会产生以下几个方面的不利影响：第一，产生不凝气体（O_2，N_2，H_2等）并聚集在冷却段的端部，使热管参加换热的部分变短，直至最后堵塞整个冷却段，影响热管的正常工作。第二，不凝气体的积累，将使热管内温度升高，压力相应升高，对热管的安全不利。第三，由于工质和管壳的化学反应，工质的成分也会发生变化，其物理性能的变化将使传热性能下降，在产生固体的颗粒状分解产物时，颗粒状分解产物还会堵塞毛细结构的细孔，妨碍冷凝液的正常回流。第四，化学反应将使管壳变薄，降低热管的机械强度。

管内冲洗不干净或冲洗不严格也是热管内不凝气体产生的原因之一。由于残存在管内的酸液或油污，都会引起热管内的化学变化，产生不凝气体，所以严格清洗工艺是非常重要的。

对于以水作为工质的热管，铜－水是最好的组合，但因为铜的成本较高、强度低，在热管换热器中大量应用有一定困难。为了降低热管成本，用碳钢做管材的碳钢－水热管的研制受到了重视，研究的主要目标是解决碳钢－水之间的相容性问题。

（五）热管换热器的设计及应用示例

1. 热管换热器的设计

作为热交换器家族新的一员，热管换热器除了与普通热交换器遵循同样的设计原则与方法，设计时还必须考虑其独特的一面。

（1）热管工质的选择：按上述原则（即温度因素、物性因素、安全与经济因素）来确定工质。

（2）管壳材料的选择：根据工质与管壳的相容性及热载体与管壳的相容性来确定管壳材料。

（3）加热段与冷却段长度比的选择：应考虑冷、热流体的流量，两侧换热系数的大小，对两侧流动阻力的要求。长度比的选择是一个比较复杂的问题，它不但能改变热管的传热和阻力特性，而且能改变热管的工作温度。

（4）热管的倾斜角度及吸液芯结构的选择：一般来说，当热管轴线与水平方向的夹角大于15°时，可以不加吸液芯而仅依靠重力使管内冷凝液回流。但在倾斜角较小时，应考虑采用某种结构形式的吸液芯，既可促进液体回流，又能使冷凝液沿管壁均匀回流。

（5）扩展表面：扩展表面的使用既可改变热管传热和阻力特性，又可改变热管的工作温度。在设置扩展表面时必须考虑积灰及清扫等问题。

2. 热管换热器的应用

热管换热器广泛应用于工业、商业和采暖通风工程中。总地来说，热管换热器有三种用途：一是回收工艺过程中的热能，如从锅炉或工业炉的烟气中回收余热以预热空气或燃气；二是将工艺过程中回收的热量用于供热；三是在空调系统中回收热能，如在冬季可用热管预热引进的空气，在夏季则用预冷引进的空气。在空调及干燥过程中，尽管所回收的热能品位很低，但也可加以应用（由于受热体并不要求温度很高）。采用这些余热回收技术，可节约大量燃料，一般的投资回收期为1～3年。热管换热器由于其较大的热传导率，在燃气工业炉的余热回收方面有着广泛的应用。

热管换热器在余热回收方面应用最多的是通过气－气热交换来回收气态热载体的余热，由于它具有不泄漏的特点，所以在余热载体有毒时更能显示其结构简单、传热能力强的优点。另外，热管换热器在液体、固体的余热回收方面也有一定的应用。

第三节　余热锅炉技术

一、余热锅炉的形式及特点

余热锅炉是利用生产过程中的余热（如高温烟气余热、化学反应余热、高温产品余热等）为热源，来生产具有一定温度和压力的蒸汽或热水的设备。

余热锅炉的吸热部分和普通锅炉相似，由气锅、管束、省煤器及过热器组成。但是由于余热锅炉本身没有热源，而是利用生产过程中的余热，因此具有自身的特点。

（1）在普通燃气锅炉中，气体燃烧产生的热量只用来产生热水或蒸汽；在工业炉与余热锅炉联合装置中，燃气燃烧产生的热量首先用于加热工业炉内的物料，其次才是产生热水或蒸汽。所以进入余热锅炉的烟气的温度通常比在燃气锅炉中燃烧生成的烟气温度低，因此每立方米的烟气所能产生的蒸汽量比普通燃气锅炉小。

（2）进入余热锅炉的烟气量、温度及性质是不稳定的，随着工业炉（即余热源）的生产量、燃料性质及工艺条件而发生变化，因此余热锅炉的蒸汽或热水产量也是变化的。

（3）由于余热载体的性质千差万别，余热锅炉的设计在很大程度上取决于进入锅炉的余热载体的性质，例如炼铜反射炉的烟气中含有 SO_3，为防止 H_2SO_4凝结，炼铜反射炉的余热锅炉的压力及排烟温度就必须根据烟气中的

SO_3含量来确定。

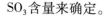

利用燃烧产生的高温烟气的余热，通过余热锅炉来生产蒸汽具有下列优点：

（1）在沸腾过程中，加热面上的热流率很高，是余热回收装置中结构较紧凑的形式之一。

（2）与其他相似结构的余热回收装置相比，余热锅炉的设备总投资额较低。

（3）在一般情况下，余热锅炉可以适用高温烟气，由于其传热系数较高，在液体接近沸腾时，可以使管道保持在较低的温度，因此不必考虑使用特殊材料及寿命长短等问题。由于上述优点，余热锅炉已成为余热回收和利用系统中十分重要的设备之一。利用余热锅炉回收高温余热是最经济、有效的一种途径，它在各个工业部门得到广泛应用。

二、介绍几种余热锅炉

为了对余热锅炉有直观的认识，在此介绍几种形式的余热锅炉。

FG70－1.3/250 型余热锅炉，蒸发量为 2t/h，蒸汽压力为 1.3MPa，过热蒸汽温度为 250℃，烟气入口温度为 800℃，烟气量为 7000Nm^3/h，对流受热面积为 169m^2，过热器受热面积为 3.82m^2。外形尺寸：上下锅筒中心距 4.82m，锅炉总宽度 2.78m，总长度 6.285m。该余热锅炉为双气包纵置式，它由气包、管束、省煤器及过热器组成。烟气依次经过过热器、对流管束、省煤器而进入大气。

烟水管余热锅炉，其蒸发量为 0.8t/h，蒸汽压力为 0.8MPa，锅炉受热面积为 30m^2。工业炉炉膛排出的烟气先经过对流管束，再进入烟管，之后排入大气，水由锅炉炉体外面的下降管向下流，经联箱进入对流管束，受热上升，在锅筒内继续受热气化，形成自然水循环。这种锅炉具有烟管及水管两种锅炉的特点，结构更为紧凑，便于组装。

为了提高余热锅炉提供蒸汽的稳定性和可靠性，有时余热锅炉设有辅助燃烧室，以调节蒸汽产量。辅助燃烧室与余热锅炉组成一个整体，其结构形式决定于燃料种类。以燃气或油为燃料的设有辅助燃烧室的余热锅炉，其结构简单，水循环可靠、稳定，在辅助燃烧室四周设有水冷壁，它除吸收辐射热和保护炉墙外，还可兼做工业炉与辅助燃烧室之间的炉墙。

三、余热锅炉回收余热系统实例

（一）用于加热炉烟气余热回收的余热锅炉

加热炉用途广泛、种类繁多，例如钢铁企业中的均热炉、钢板加热炉，化学工厂、食品工厂中的原料加热炉以及机械加工企业中的锻造炉等。一般加热炉的燃料多为燃气或油类，烟气中的灰分较少但SO_3和SO_2比例较高，故应注意烟气的腐蚀性。

对于加热炉烟气的余热，一般按照“先自身利用，再向外供能”的原则予以回收，即将高温烟气首先用于预热燃烧用空气燃气或物料，然后再根据换热器排出烟气的温度，或选用余热锅炉，或使用其他中低温余热回收装置，以综合利用。按照这种能级匹配、阶梯用能的原则，可收到最大的节能效果。

用于钢铁厂均热炉的余热锅炉。在均热炉炉膛出口的烟道中，设置几组独立的受热面，它们分别与一个共同的汽包相连，由于余热锅炉的各组受热面分散布置，因而采用强制循环，通过循环泵将水送往各组受热面。该余热锅炉因受热面相互独立，故组装检修、扩展、调整都较易实现。

（二）用于熔解炉的余热锅炉

有色金属冶炼炉、玻璃炉窑等都属于熔解炉，这类锅炉的烟气中常含有大量由被加热物料所带入的腐蚀物及灰尘，工业废物燃烧炉也属于这一类。

由于灰尘含量高，用于熔解炉的余热锅炉一般采用光管受热面，应防止受热面的温度高于烟气的酸露点，以防低温腐蚀，另外，还应采用耐高温腐蚀的材料，以防高温腐蚀。

用于铜精炼炉的余热锅炉。铜精炼炉的烟气中 SO_2 含量高达 10% ~12%，灰尘量为 50 ~ 100mg/Nm^3。为了防止低温腐蚀，余热锅炉的运行压力定为 5.0MPa，此外，铜精炼炉高温烟气中的某些灰分处于熔融状态，当遇到受热面时则黏附在受热面上，致使受热面堵塞，降低传热性能。为此，在余热锅炉的前半部采用四周为水冷壁的大辐射室，在此主要依靠辐射传热，从而避免了高温熔融灰尘与受热面的直接接触。在余热锅炉后半部采用对流受热面，烟气流经多排管束时以对流方式换热。

为便于排灰，在辐射室和对流受热面下部都设有灰斗。由于铜精炼炉烟气中灰分的硬度高，磨损性大，为减少对流受热面的磨损，应注意流经受热面的气流速度及受热面的布置方式。这种余热锅炉一般采用强制循环方式，以便于结构设计。

（三）回收固体余热的余热锅炉

高温产品及高温排渣的温度很高，含有大量显热，为冷却这些产品，通常采用干式冷却装置以回收其热量。通常，可使空气或惰性气体流经高温产品层，再对空气或惰性气体所携带出的热量予以回收。在此过程中，会带出大量的粉尘，因此回收这部分热量的最好方法是利用余热锅炉。

焦炭干式冷却装置系统。在该系统中，炽热的焦炭堆放在冷却箱中，冷却用气体（通常为 N_2）从下部进入冷却箱，流经填充层吸收焦炭的显热后从上部流出，经除尘后进入余热锅炉。从余热锅炉出来的 N_2 再一次经过除尘后，由冷却气体风机鼓入焦炭冷却箱，循环使用。该余热锅炉采用强制循环方式，采用这种余热锅炉回收焦炭的显热，一般 1t 焦炭可生产 0.5t 蒸汽。

固体余热回收的另一个典型例子是钢铁厂热延压车间赤热厚钢板显热的回收。余热锅炉的水冷壁布置在连续移动的钢板的上部和下部，形成一个换热通道，利用热辐射方式换热。由于水冷壁是水平布置的蛇形管，所以余热锅炉采用强制循环方式。

（四）燃气发动机中小型余热回收装置

伐波发塞系统是往复式发动机中最常用的余热回收装置，虽然余热锅炉和夹套式热能回收装置是可以分开的，但由美国波特公司制造的成套系统则将两种功能组合在一个单一的锅炉中，值得注意的是这种将简单装置组合成合适的设备以适应热能回收系统的做法。

（五）热管余热锅炉

热管余热锅炉是一种变形的热管换热器，在种类繁多的余热锅炉中，热管余热锅炉由于其独特的优越性而日益受到重视。热管余热锅炉的主要部件是汽包和热管管束，两者的连接方式有两种：一种为焊接，制作简便但不易拆换，另一种为活动连接，拆换方便但需选择合适的密封材料。

热管余热锅炉的主要特点如下。

（1）结构简单：除汽包和热管管束外，没有其他的部件（如联箱）。

（2）具有烟管和水管锅炉的双重优点：热管的加热段插入烟道中，类似于烟管锅炉，但加热面在管外部；热管的冷却段插入汽包内的沸腾水中，类似于水管锅炉，但加热面也在管外部。由于烟气和水都在热管外部换热，积灰、结垢便于清理，可使用扩展换热面。

（3）整体强度高：热管的冷却段和加热段都可以自由膨胀，避免了温度应力。

（4）维修方便：由于热管是可拆卸的，性能下降或腐蚀严重的烟管可以很方便地拆换。

热管余热锅炉的设计参数（如热管的工质、加热段与冷却段的长度、汽包结构等）取决于烟气和所产生的蒸汽的参数，一般加热段为翅片管而冷却段为光管。热管的工质取决于烟气的温度，对以水为工质的热管，能承受的最高烟气温度为600℃～800℃；对高于800℃的烟气，当然可选择其他的工质，但此时必须考虑经济性问题。烟气温度的下限为260℃，若低于260℃，烟气和蒸汽的传热温差过小，使设备的经济性下降。

烟气温度的高低决定了所产生蒸汽压力的高低，一般推荐的蒸汽压力以不超过1.7MPa为宜，即尽量选用较低的蒸汽压力值。因为蒸汽压力高，对应的蒸汽温度也高，使传热温差减小，设备的投资回收期延长。

热管余热锅炉可应用在加热炉、燃气轮机、内燃机、焚烧炉、水泥窑等的余热回收中。

第四节　吸收式制冷与热泵技术

一、吸收式制冷机的工作原理

制冷机利用制冷物质的蒸发，吸取被冷却物体或空间的热量，使其温度低于环境温度，从而得到制冷的目的。制冷工质在吸热蒸发后，在一个密闭系统中凝结成液体，循环使用。

可用两种循环来实现制冷：压缩机循环和吸收式制冷循环。

压缩机制冷工质在蒸发器中蒸发吸热之后，进入压缩机中压缩，温度和压力同时升高，然后进入冷凝器中凝结，同时将热量排向大气或冷却水。凝结液的压力较高，需经过节流阀降压后，再返回蒸发器中吸热，如此完成一个循环。理想的压缩机制冷循环是一个逆向卡诺循环，压缩机制冷循环必须消耗外界动力。

吸收式制冷的特点是不需要压缩机，直接利用外界热源（余热）实现制冷，因此在余热回收中具有很大的吸引力。其工作原理如下：根据制冷剂在吸收剂中的溶解度随温度变化的特性，利用制冷剂在较低温度和较低压力下被吸收、并在较高温度和较高压力下挥发所起到的压缩机的作用，经过冷凝、节流、低温蒸发，从而达到制冷的目的。

目前常用的制冷剂及吸收剂的组合有：氨－水、水－溴化锂两种，前者适用于0℃以下的制冷，而后者适用于5℃～10℃的空调制冷。

吸收式制冷机的工作原理。

（1）蒸发－吸收过程：水在蒸发器中蒸发，所产生的蒸汽进入装有溴化锂水溶液的吸收器中被吸收。

（2）由于制冷工质的蒸发，蒸发器中的水温降低，变成制冷水，将此制冷水用泵在其中循环，使其与上部传热管中的冷媒水换热，即得到通入制冷空间中的冷水，以实现制冷。

另外，在吸收器中，吸收剂溴化锂由于吸收了制冷工质的蒸汽而温度升高，从而使吸收能力下降。为了使吸收剂冷下来，在吸收器中布置冷却水管，用泵将吸收剂抽上来循环，以实现冷却降温的目的。

（3）吸收剂由于吸收了制冷剂而浓度下降，也导致吸收能力的下降，为此需要将吸收剂浓缩。浓缩过程在发生器中进行。发生器中通过加热或利用其他形式的热源，用泵将吸收器中的稀溶液打上来，与加热管接触换热，使其中的水分蒸发，蒸发后的溶液再返回吸收器中。

（4）在发生器中产生的蒸汽导入冷凝器，在其中凝结成水。冷却水在冷凝器中流过，将气化潜热带走。凝结下来的水再返回蒸发器中继续蒸发，从而完成一个循环。

在吸收器与蒸发器之间，装有一个换热器，使从发生器返回的高温浓溶液与加热换热器的低温稀溶液换热，以节约在发生器中加入的热量。

吸收制冷循环需要在发生器中消耗热能，同时提供冷却用的冷水从蒸发器中出来，此外还使进入吸收器中及冷凝器中的冷却水得到加热，可提供温水。所以应用吸收式制冷循环，既可制冷，又可供热。

二、利用废气和废水余热的吸收式制冷机

利用余热作为热源的吸收式制冷机，因余热种类的不同和余热温度水平的

不同，在加热部件——发生器的结构上，会有所不同。除此之外，其他各部分的结构基本相同。先来介绍一下利用废蒸汽和废水余热的吸收式制冷机的结构和应用。

利用废蒸汽可由吸收式制冷机得到5℃～10℃的空调用冷水。当排蒸汽的压力为0.3～0.5MPa时，因蒸汽温度较高，可采用双效发生器。所谓双效发生器，即第一个发生器内产生的蒸汽不直接进入冷凝器，而是作为热源进入第二个发生器，使溴化锂水溶液在较低的压力下继续蒸发，这样可成倍节省热量消耗。当废蒸汽压力小于0.3～0.5MPa时，采用单效发生器就可以了。对单效发生器，一冷吨所消耗的蒸汽量为7.8～8.5kg，对双效发生器系统，仅需4.2～5.2kg就够了。

采用单效发生器的吸收式制冷机，其中，发生器与冷凝器在同一个容器中，蒸发器和吸收器也共用一个容器，仅在容器内部用隔板隔离开不同浓度的液体。采用双效发生器的吸收式制冷系统：第一发生器用高压蒸汽加热，从溶液中蒸发出来的蒸汽仍具有较高的压力，经过气液分离后，进入第二发生器作为热源。另外，配置两个热交换器分别与两个发生器相连。

利用温废水余热的吸收式制冷机与利用废蒸汽余热的结构完全相同，一般温废水的温度较低，只利用单效发生器就可以了。吸收式制冷机的运行需注意下列问题。

（1）真空度的保证

溴化锂吸收式制冷机在极高的真空度下工作，发生器中的绝对压力为0.5～0.9kPa，冷凝器中的绝对压力为6.5～9.0kPa，因此极易造成空气的泄漏。此外由于内部防腐剂的作用，也会产生氢气等不凝结气体，这些气体的聚集对系统的性能有很大的影响，故在系统中需设抽气泵进行间断排气。

（2）控制方式的选择

制冷量的控制通常有三种方式：调节废蒸汽压力或废温水流量、调节溶液的循环量、调节蒸汽的凝结水量。

（3）安全装置的可靠性

一般的安全装置包括过浓缩防止装置、自动解晶装置等。

三、利用烟气的吸收式制冷机

利用烟气余热的吸收式制冷系统，最适合的烟气温度为300℃～400℃。典型的利用烟气余热的吸收式制冷系统具有以下特点。

（1）烟气进入高温发生器，所产生的蒸汽一部分进入温水器，可向用户提供温水；另一部分进入低温发生器，用于制冷。该系统既可制冷，又可供热。

（2）高温发生器相当于一个烟管锅筒式余热锅炉，烟气在管内流动，故对烟气品质要求较高（含尘量、腐蚀性成分含量尽可能低）。此外，工业炉的排烟最好是连续的、稳定的。为了调节制冷量与热负荷，除在高温发生器上设置温水器外，还设置一台放热器，使多余的热量通过冷却水循环散到周围空间。

（3）可依据需要调节制冷量与供热量。当要求得到最大制冷量时，将烟气导入高温发生器，关闭温水器的控制阀，也关闭放热器的控制阀，使高温发生器中产生的蒸汽全部用于制冷。

四、热泵工作原理

热泵的基本环路由一组蒸发器、冷却器、压缩机和膨胀阀所组成，低温低压的液态工质从低温热源吸收热量蒸发成低温低压的蒸汽，然后经过压缩机，消耗机械功，变为高温高压的蒸汽进入冷凝器。在冷凝器中工质凝结，放出热量给高温热源，最后高温高压的冷凝液经过膨胀阀变为低温低压的液体，进入蒸发器继续循环。热泵中的压缩机消耗机械功之后，可将低温热源的热量移到高温热源，这就是热泵名称的由来。如果说，制冷机的着眼点是制冷的话，那么热泵的着眼点是提高热量的温度水平、使温度较低的低品位热量得到有效的利用。

热泵既可作为加热又可作为冷却之用，因而广泛应用于空调设备中。热泵循环正好是动力循环的逆循环，通常衡量逆循环的优劣是利用工作系数来评价的。

热泵的工作系数又称热泵的供热系数 ε_2，它是供给高温热源的热量 Q_1 与所消耗的逆循环净功 ω_0 之比，即：

$$\varepsilon_2 = \frac{Q_1}{\omega_0} = \frac{Q_1}{Q_1 - Q_2}$$

式中，

Q_1——工质向高温热源 T_1 供给的热量；

Q_2——工质从低温热源 T_2 吸收的热量。

若逆循环为逆卡诺循环，即理想的热泵循环，则：

$$\varepsilon_2 = \frac{Q_1}{\omega_0} = \frac{Q_1}{Q_1 - Q_2} = \frac{T_1}{T_1 - T_2}$$

从上式可以看出：

（1）因为 T_1 总是大于 T_2 所以 ε_2 总是大于 1，这说明用热泵供热的经济性总是比较好的。

（2）ε_2 只取决于 T_1，T_2，显然 ε_2 随着低温热源和高温热源温差减小而提高，因此，在考虑热泵的经济性时，也要注意高低温热源的温差。

（3）若同时利用 Q_1 和 Q_2 则更为理想。即将其用作供热，同时又将其用作制冷。或者用一台热泵，在冬季从周围环境（大气或水）中提取热量用于建筑物供热采暖，在夏季作为制冷机，从室内提取热量，使建筑物达到空调制冷目的。

由此可见，热泵是一种充分利用低品位热能的高效节能装置。热泵循环既可使用压缩机，也可使用吸收循环装置代替压缩机，即所谓的吸收式热泵。

五、热泵应用实例

热泵除了上述的加热和冷却两个方面的应用，还可以用于除湿：若流经蒸发器外部的流体是湿度很高的湿空气，当蒸发器表面的温度低于空气的露点时，则空气中的水分在蒸发器表面凝结，从而达到除湿的目的。

例如，在木材干燥过程中需排出大量的湿空气，湿空气中含有的蒸汽具有很高的热焓，利用热泵的冷却除湿作用可回收这部分热能，同时使湿空气去湿成为湿度较小的空气。经去湿的空气可流经热泵的冷凝器而被加热，成为高温的空气，继续通入木材干燥室循环使用。所以木材干燥用的热泵具有去湿和加热两种功能。

第五节　余热的动力转换技术

一、动力转换的热源与工质的选择

（一）动力转换热源

前面已经介绍过，余热的动力转换既要考虑余热的量，更主要的是要看余热的“质”，即余热中㶲的多少，因为只有㶲才能转换为动力；温度越高的余热，转换为动力的比例越高。

在余热动力转换技术中，除了余热的“质”，还需考虑下列因素。

（1）余热数量、温度的波动性：对于温度、数量较稳定的余热热源，可优先考虑使用动力转换技术；而对数量、温度波动较大的余热热源，则可考虑使用其他的技术予以回收利用。

（2）余热热源不宜分散，最好是一个，这样在设备方面较易实现且较易控制。

（3）余热载体所含的灰尘和腐蚀性物质尽可能少，这种余热在动力转换时成本较低。

（4）余热量较大，足以使动力回收装置具有一定的规模。

（二）动力转换用工质

在选择余热动力转换用的工质时，主要需考虑下列问题。

（1）在 T－S 图中，其朗肯循环接近表示㶲大小的三角形，即选用潜热小、显热大的工质。

图 6－5－1 是水和氟利昂的朗肯循环的比较。在动力转换的余热热源中，余热载体通常是气体或液体，在换热过程中，其温度是逐渐下降的（如图中的斜线 1－2 所示，图中 T_0为环境温度，即冷源温度）。余热载体的温度从 T_1降到 T_0时，其最大㶲如图中的三角形面积 1231 所示。当选用某种工质吸收其㶲而完成一个循环时，三角形面积 1231 所代表的㶲并不能完全转换为机械能或电能。如图 6－5－1 所示，对于以水为工质的朗肯循环，可用来发电的㶲仅仅是面积 344′563，而阴影部分的面积不能转换为机械能。阴影部分的面积很大，原因在于水的显热吸热部分（65 线段以下的面积）太小，而潜热吸热部分（54′线段以下的面积）过大。如果用氟利昂作为工质，可转换为动力的部分将大大增加。因为氟利昂的显热吸热较大而潜热吸热较小。综上所述，在确定余热动力转换用工质时，应优先考虑使用潜热小、显热大的工质。

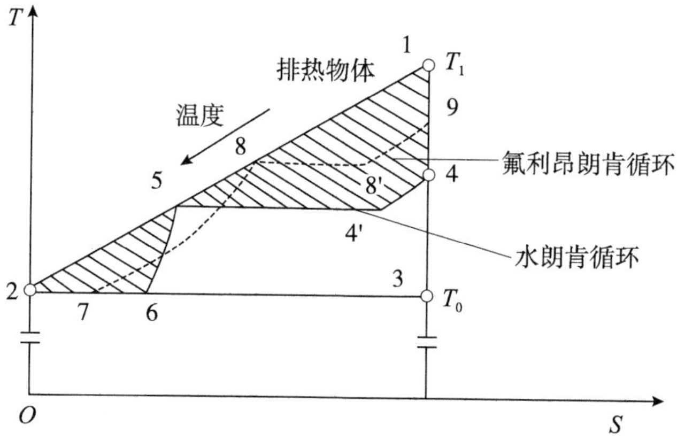

图 6－5－1　水和氟利昂的朗肯循环的比较

（2）在 T－S 图中，其饱和蒸汽线接近于垂直，以使膨胀结束时的工质具有合适的干度。对于不同的工质，在汽轮机内膨胀后可能有三种不同的湿度条件，分别示于图 6－5－2 中的（a）（b）（c），图中向下凹的是工质的饱和曲线，点 $C \cdot P$ 是热力学临界点，1→2 表示工质在汽轮机内的膨胀过程。图中（a）表明：膨胀结束时，工质已进入湿蒸汽区，蒸汽内含有小液滴，会造成汽轮机末级叶片的侵蚀或腐蚀，透平损失增大，这是不希望出现的。这种工质可称作“湿型”工质，一般情况下，水和 NH 属于这类工质。图中（c）是一种与此相反的情况，在膨胀结束时仍是过热蒸汽，而且过热度较大，在进入冷凝器之前，往往需要加一台前置冷却器，这也是很不方便的。这种工质可称作“干型”工质。图中（b）表示在膨胀结束时，接近饱和线，既不会有水滴，过热度也不太大，这是希望出现的最理想情况，这种工质可称作“等熵型”工质，丙烷、丁烷、丁烯以及氟利昂类制冷工质都属于这类工质。

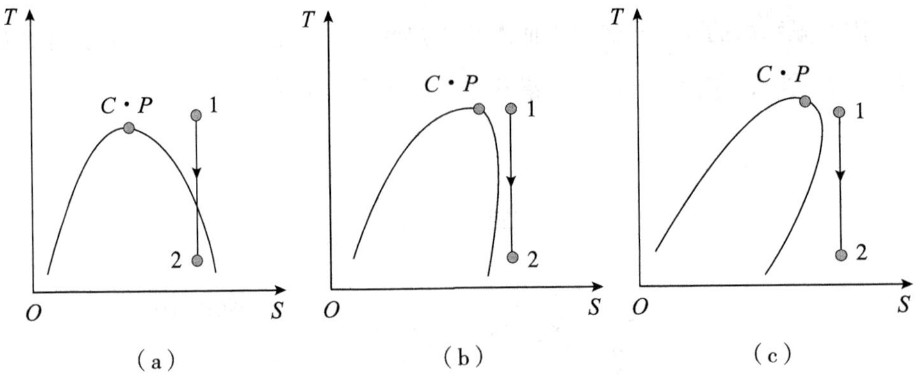

图6－5－2　各种工质的 T－S 图

（3）工质在所给定的温度范围内，需具有合适的压力。例如，在100℃时，水蒸气仅有 0.1MPa 的饱和压力，在这一压力下做功是很困难的。但在同样温度下的 R－11 饱和蒸汽压力为 0.8MPa，其比容仅为水蒸气的 1/100，若采用这种低沸点工质，就可在高压下工作并实现透平的小型化。

（4）在所要求的温度范围内稳定性好、不易分解。

（5）比热、导热系数、密度等物理值要大。

表6－5－1是典型工质的一般特性。目前，对于300℃以上的较高温度的余热，可采用水作为工质，而对100℃～250℃的低温余热，选用氟利昂等低沸点的工质比较合适。

表 6-5-1　　典型工质的一般特性

特性	水蒸气	F-85	氟利昂	丁烷	氨
沸点	高	高	中	低	低
蒸发潜热	大	中	小	小	中
传热性	大	大	小	中	大
毒性	无	无	极低	无	高
可燃性	不燃	不燃	不燃	一定范围内可燃	一定范围内可燃
热稳定性	高	高	中	中	低
腐蚀性	无	无	稍有	无	稍有
比容	大	大	小	小	小
价格	低	高	高	中	中
通用性	高	低	中	中	中

二、蒸汽动力转换设备

蒸汽动力转换的设备主要包括余热锅炉、汽轮机、凝汽器、冷却塔和除氧器等，其中余热锅炉前已述及，这里仅从余热回收的角度简单介绍几种汽轮机及在选型上的注意事项。

在余热回收中应用较多的主要是凝汽式、背压式和多压式汽轮机。余热回收用汽轮机与一般电厂用汽轮机的主要不同如下：

（1）蒸汽压力低，而且不标准，几乎每一台汽轮机都有其特有的蒸汽参数，这是由于余热热源的温度水平差别很大，所生产的蒸汽参数也有所不同。主蒸汽阀前的压力可从 0.2MPa 变化至 4MPa。

（2）由于蒸汽参数低、比容大，因此叶片长，但其长度受到转速和强度的限制，在设计上有一定困难。

（3）由于蒸汽入口参数低，为得到足够大的膨胀功，常要求膨胀终了时的出口参数很低，易进入湿蒸汽区，故在设计时应考虑蒸汽中的水滴对叶片的冲击、侵蚀等影响。

三、余热蒸汽动力发电实例

从钢铁厂的烧结矿冷却机出来的排气温度为345℃，在余热锅炉中与水进行换热，产生低压蒸汽，驱动汽轮机发电，其系统如图6－5－3所示。图中，余热锅炉的排气参数有两种：一种为低参数的蒸汽，0.2MPa，133℃，24.9t/h；另一种为高参数的蒸汽，1.7MPa，253℃，47.7t/h。两股蒸汽同时输入汽轮机做功，因此汽轮机是一台多压式汽轮机，排气真空度为7100Pa，发电量为11000kW，系统消耗动力为845kW。

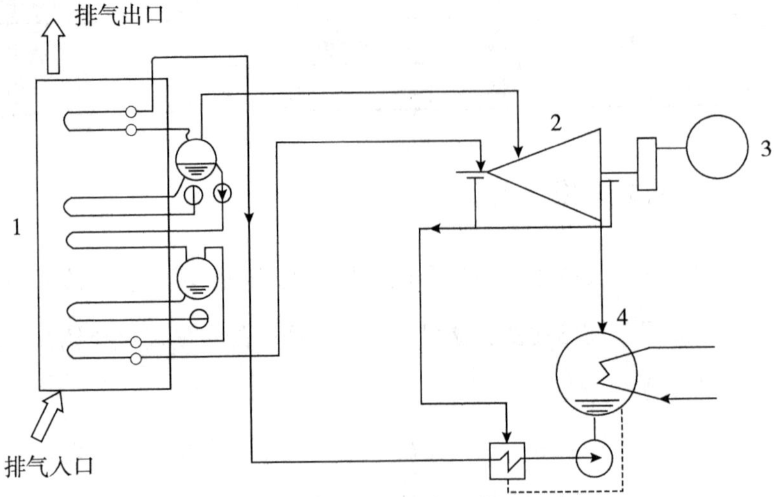

图6－5－3 钢铁厂余热回收发电系统

1—余热锅炉；2—汽轮机；3—发电机；4—凝汽器

方案论证表明，对于同一个排气热源，采用多压式透平发电比采用单一蒸汽参数的透平发电具有更高的经济性，两方案的比较如表6－5－2所示。

表6－5－2 两种发电方案的比较

	多压式透平发电系统	单一蒸汽参数的透平发电系统
排气参数	345℃→132℃，690000Nm^3/h	345℃→145℃，690000Nm^3/h
蒸汽参数	（1）253℃，1.7MPa，47.7t/h （2）133℃，0.2MPa，24.9t/h	151℃，0.4MPa，71.3t/h
发电量	11000kW	8800kW

四、氟利昂动力转换的循环及设备

（一）氟利昂动力循环

对于低温余热的动力转换，使用氟利昂做工质有着特殊的优越性，热效率高、压力适中，能满足对低温余热工质的各项要求，所以氟利昂在低温余热动力回收中受到重视。目前氟利昂循环所需的设备也已获得成功的开发、应用。

氟利昂-11（R-1）朗肯循环的压力-焓（P-i），循环是由运输（升压）、吸热（预热及蒸发）、膨胀及凝结四个过程所组成的：预热及蒸发过程是在氟利昂蒸发器中（及余热锅炉）进行的，而膨胀过程则是在氟利昂透平中完成的，最后，由氟利昂泵将凝结后的液体升压，输入蒸发器。

对于R-12、R-22来说，膨胀过程可能会进入湿蒸汽区，但与水蒸气和氨蒸气相比，其湿度要小得多；对于R-113、R-114，凝结后一般进入干蒸汽区。

当氟利昂的蒸发温度及凝结温度确定以后，采用朗肯循环的效率也相应确定，R-11朗肯循环的效率随蒸发、凝结温度而变化。不难发现，随着蒸发温度的升高和凝结温度的降低，循环的效率增加。例如，当R-11的蒸发温度为100℃，凝结温度为40℃时，朗肯循环的效率约为14%，这对于100℃的蒸发温度来说，已经是一个相当高的效率。

（二）氟利昂动力转换设备

下面介绍氟利昂循环各主要设备的特点及使用注意事项。

1. 氟利昂透平

因为余热热源的温度较低，工质的蒸发温度也不会高，因此要得到高的循环效率十分困难。因此，对于低温余热的动力回收，为了尽可能地得到动力，对于汽轮机的要求很高，要求其阻力损失和机械损失尽可能小。

因为氟利昂气体的膨胀比大，热焓差小，容积流量也小，所以氟利昂透平多采用构造简单的辐流式结构。透平由特殊轻合金制造，叶轮和叶片制成一体，氟利昂蒸汽由环形室导入，在超音速喷嘴中膨胀，将其动能在叶轮中转换为机械能，然后在扩压管中使压力升高，排向凝结器。所产生的动力由透平的高速轴通过螺旋齿轮减速机构传递给被驱动机或发电机。叶轮的轴向推力由高速轴上的推力套环传给低速轴，然后由装在低速轴上的推力轴承吸收。

为降低噪声、方便维修，整个透平要放在特殊结构的构架上。环流室的壳体与转子要采用机械密封，以防止工质的泄漏。此外，在高速轴端要安装轴速检测和调节控制机构。

2. 氟利昂蒸汽发生器

氟利昂蒸汽发生器（即余热锅炉）接受余热，使氟利昂液体加热、蒸发。该蒸汽发生器一般采用列管式换热器结构，余热载体在管程而氟利昂在壳程。下部的管束为氟利昂加热（预热）区，而上部为沸腾区。在设计上应注意以下几点：

（1）管束与壳体间由于膨胀系数的不同而产生热应力，管道的局部温度不能过高，以避免氟利昂在高温下的分解。

（2）在壳程氟利昂蒸汽出口设置气－液分离器，以防液滴流入透平中对叶片的撞击和损坏。

一般而言，对于载体为气体的余热，氟利昂蒸汽发生器与一般的蒸汽余热锅炉的设计没有大的变化，只是氟利昂蒸汽发生器的传热系数相对较低，会造成设备经济性下降，因此需在设计时给予必要的考虑。

3. 凝汽器

凝汽器的冷源一般是水，这时凝汽器的构造与冷冻机用的凝汽器的构造没有大的不同。

但氟利昂比水或氨的传热系数要低得多，因此可采用肋片管，以提高总传热系数，防止凝汽器的大型化，提高其紧凑性。

若以空气作为冷源，则需注意，随季节温度的变化，冷凝温度也随之变化，因此透平的出力也会发生变化。

在凝汽器中要设置压力控制用的旁通管、紧急切断时的旁通管，以及氟利昂蒸汽发生器的安全排放管及排放阀。另外，在凝汽器的下部要保持一定的液位，以使氟利昂泵能正常运转，而且在凝汽器上部，应安装抽气回收装置，使漏入的空气能自动排出。

4. **氟利昂泵**

以低沸点物质作为工质的一个缺点是潜热小，因此为了得到同样的出力，工质的循环量多，因此所消耗的动力增大，所以使总的向外提供的动力减少了。但是，氟利昂比起丁烷等其他碳氢化合物要优越，前者的液体密度比后者大三倍，容积流量小，因此泵所消耗的功率相对来说还是较小的。

当余热数量波动时，凝结液量也随之波动，为保证泵的平稳运转，必须防止在部分负荷时液压上升，在管路设计中要考虑这些因素。

5. **控制系统**

控制系统因热源的不同而不同，一般由透平转数控制、氟利昂蒸汽发生器的压力控制及蒸汽发生器的液面控制三部分组成。

透平转数控制的目的是保证发出电力的一定的周波或被驱动机所需要的转数。为了使透平的转数不受负荷变动的影响，在透平入口处装置氟利昂蒸汽流量调节阀来进行控制。氟利昂透平的体积小、重量轻，转子的惯性动量小、速度变化大，因此要求转速控制系统有极高的灵敏性，所以，采用电力调节器比较合适。

即使在负荷变动的情况下，也应保证蒸汽发生器的换热面总是处在液体的沸腾面下。此外，液面与气－液分离器也应保持一定的距离，一般用液位控制器对液面进行控制。

（三）氟利昂发电系统应用实例

自 1961 年美国首次应用氟利昂透平回收燃气轮机的排气余热以来，日本、俄罗斯、中国等也相继在氟利昂透平的实用化方面取得了进展。目前采用氟利昂透平的动力系统，不仅应用于低温余热回收，也应用于太阳能和地热利用中。

利用转炉外罩冷却水低温余热的氟利昂发电系统。转炉外罩的冷却水温度在100℃以下，且转炉的吹炼过程是间断的，所以作为余热热源的冷却水也是间断的，回收动力的保证有一定的困难。

在蒸发器中产生的氟利昂蒸汽进入氟利昂透平膨胀做功，驱动发电机。当透平处于停机状态时，氟利昂蒸汽由旁通管道直接进入冷凝器，以保证不影响对转炉的冷却功能。

第六节　移动蓄热技术

一、蓄热形式及分类

（一）蓄热的意义

蓄热，又叫作热贮藏、热蓄藏，是将一定数量和品质的热能在某一时间段内暂时贮藏起来，然后按照使用的需要，在不同的时间或按不同的品质将热能再释放出来。

例如，锅炉一般是连续运转的，而工艺用蒸汽往往随时间变化有很大的波动，这就出现了供热和用热时间不一致的矛盾。又如，利用太阳能采暖，用户总希望中午吸收的热量在夜间慢慢释放出来。为了解决这种供需之间的时间差问题，就需要应用蓄热技术。

另外，当供热的均匀性不能满足用户的要求时，也可借助蓄热技术加以调节。例如，若一炉窑出来的余热热媒的流量、温度波动较大，而用户希望供热负荷稳定，便于余热回收和利用。这时，也可通过蓄热技术将波动的负荷及温度展平。

需说明的是，不但余热需要贮藏，其他形式的能源——太阳能、风能、核能、水力、地热等都可以贮藏；另外能量的贮藏也可通过化学能、电磁能、机械能等形式来实现。

（二）蓄热的形式及分类

1. 按蓄热方式分类

按蓄热方式的不同，可分为热能形式贮藏和化学能形式贮藏两种。

下面列出的是利用热能形式贮藏的两种基本方式——显热贮藏和潜热贮藏及其特点。

（1）显热贮藏

基本原理：利用固体、液体的显热变化来贮藏热能。可利用的液体有水、海水、油类等；可利用的液（气）－固系统有水－岩石、油－岩石、空气－岩石等。

优点：液体、气体本身不但可用作蓄热介质，也可当作传热媒介，可省去热交换器系统，使蓄热系统的结构简化。

缺点：显热蓄热必须注意热绝缘，尽量减少热损失。显热蓄热不适合长时间、大容量的蓄热场合。

（2）潜热贮藏

基本原理：利用固体－液体、液体－气体之间发生相变化时放出或吸收潜热来贮藏能量，同时也部分利用各相内温度变化时的显热。

优点：蓄热能力强，吸热－放热过程温度稳定。

缺点：需根据温度水平，选择合适的蓄热相变材料；蓄热与相变过程联系在一起，过程进行较缓慢；需特殊的换热设备，系统较复杂。

以化学能形式蓄热也有两种方式：利用化学反应热方式和利用稀释热/溶解热的方式。前者是利用伴有反应热的可逆化学反应热。

$$A \xrightarrow{热} B + C$$

在某一温度下稳定的物质 A 由于吸热反应而分解成物质 B 和 C，这样热能就以化学能的形式贮藏于 B 和 C 中。在催化剂作用下，或在合适的温度、压力下，B 和 C 物质会发生反向放热反应而重新释放出原来贮藏的热能。作为这类吸热、放热的化学反应有：水氧化物、氧化物、硫酸盐、碳酸盐、铵盐等化合物的分解、再生反应。由于反应温度、蓄热密度、反应速度、反应热、处理的难易程度各不相同，在应用时要进行合适的选择。这种方式的优点是热损失小，适用于大容量、长期的蓄热。

后者是利用稀释热、溶解热的蓄热方式。例如，对于硫酸的水溶液，当稀释时浓度下降，放出热量，而当浓缩时吸收热量，可利用其浓度差的变化来进行蓄热和供热。这种过程应用于热力学上的制冷循环、热泵循环，因此又称化学热泵。例如利用太阳能的硫酸热泵系统，硫酸水溶液吸收了太阳能之后，水分蒸发，溶液变浓，水蒸气携带热能在冷凝器中凝结成水后，再注入混合反应器，溶液稀释放出反应热，可供建筑物采暖。若用工业余热代替太阳能使硫酸浓缩，可得到同样的效果。

利用这种方式进行蓄热、放热时，除了要根据温度水平、稀释溶解热的多少来选择合适的水溶液，还要考虑容器的耐腐蚀性、化学稳定性、对人体是否有害等因素。一般来说，化学反应热的蓄热材料要求具有下列特性：

（1）反应热（吸热或放热）要大。

（2）化学稳定性好。

（3）反应过程简单且反应过程中不产生有害物质。

（4）反应速度快，反应温度适当，能满足供热和用户要求。

（5）无毒，对相关设备无腐蚀性。

2. 按蓄热的温度范围分类

（1）低温区——100℃以下的蓄热

在这一温度区间内，显热蓄热材料以水、水－砂、水－岩石最为合适，而潜热蓄热材料可选用熔点在 100℃以下的相变材料，如石蜡等。这种低温热能主要应用于生活用温水供应、家庭采暖、植物培育、家畜饲养等场合。

（2）中温区——100℃～250℃

这一温度范围的蓄热系统，主要用于工业方面的热利用。具有代表性的例子是蒸汽蓄热器，这属于蒸汽－水之间发生相变时的潜热蓄热方式，蒸汽、水既是蓄热介质，又是热载体，应用方便。

（3）高温区——250℃以上的区域

高温区域的蓄热和供热，主要用于温度较高且波动范围较大的工业炉窑排烟的余热回收系统中，如玻璃熔化炉、耐火砖烧成炉等。其结构特点是由耐火材料－格子砖砌筑成蜂窝状流道，使高温烟气和新鲜空气周期地轮流通过，达到预热空气的目的。

二、蓄热技术的应用实例

蓄热技术的应用可分为两个方面，一是以太阳能利用为主，二是工业余热的蓄藏和输送。因为两个方面的应用技术是可以相互借鉴的，所以这里仅介绍第二个方面的应用。

（一）化学热管用于能量的长距离输送

热管是利用工质的相变来传递能量的元件，然而由于热损失，热管很少用于长距离的能量输送，而化学热管则可以利用可逆的化学反应进行长距离的能量输送。

可利用下述可逆的化学反应来进行化学热管的能量输送：

$$CH_4 + H_2O \rightleftharpoons CO + 3H_2$$

例如，对于工厂排气或排液的余热，可利用其将氦气加热到950℃，4MPa，输入反应器并在其中使甲烷和水蒸气反应，同时吸收大量的反应热，生成一氧化碳和氢气。然后在一个换热器中将一氧化碳和氢气降温至40℃左右，由压缩机送至远距离的用热部门，在此处一氧化碳和氢气在催化剂的作用下发生反应，重新转化为甲烷和氢气，同时放出所吸收的热量，利用此热量可提供高参数的蒸汽。然后再将甲烷和水蒸气由压缩机送回原反应器，并重复上述反应。由于在输送管线中反应物质的温度并不高，所以可避免一般热力管线的热损失。

（二）化学热泵技术

众所周知，热泵是以加热为目的的、借助外部动力将热量从低温侧输送到高温侧的机器。若使用一系列吸热和放热的化学反应，完成热泵的任务，那么这种机器就称为化学热泵。前面介绍的利用硫酸与水的稀释、溶解热的太阳能利用系统，广义上讲就是一种化学热泵。

现在来看一下化学热泵的工作原理：设 A 和 B 为两种化合物，当它们与气体 X 发生反应后生成 AX、BX 物质。在吸热时，它们之间可发生下列反应：

$$AX(s) \rightarrow A(s) + X(g)$$

$$B(s) + X(g) \rightarrow BX(s)$$

而在放热时，它们之间可发生相反的化学反应：

$$AX(s) \rightarrow A(s) + X(g) \text{ 反应温度 } T_1$$

$$A(s) + X(g) \rightarrow AX(s) \text{ 反应温度 } T_2$$

显然，如果选择 $T_1 > T_2$ 的物质 A、B、X，则可将热量自低温体系 T 移到高温体系 T_2，再加上整个体系的蓄热功能，那么整个过程兼备热泵的功能。

（三）蒸汽蓄热器

1. 蒸汽蓄热器的工作原理

蒸汽蓄热器是一个贮存蒸汽热能的仓库，其工作原理是在一个压力容器中贮存水，将多余的蒸汽通入水中，蒸汽在水中凝结，即将蒸汽的热能传输给水，使容器中水的温度、压力升高，形成具有一定压力的饱和水，当锅炉产生的蒸汽不能满足应用需要时，容器内压力下降，饱和水成为过热水，立即沸腾蒸发，产生蒸汽以满足用户的需要。

由此可见，蒸汽蓄热器是以水为载热体的蓄热装置。容器中的水既是汽、水换热的介质，又是贮存热能的载热体。容器中蓄热和放热过程是一个伴随着相变的直接接触式（混合式）热交换过程。

在使用工业锅炉供汽的企业中，当用气负荷波动很大而用气平均负荷又低于锅炉的平均出力时，采用蒸汽蓄热器将是十分合理的，对燃煤锅炉尤其如此。

从贮存能量的数量上看，蒸汽蓄热器具有很高的热效率，即蒸汽储入的热量与产生蒸汽的热量几乎相等，仅有1%～2%的散热损失。但在蒸汽贮存和放出的过程中，不可避免地造成了㶲的损失——热能的可用性下降。例如，贮存进的是压力为1.3MPa的饱和蒸汽，而一般输出的却是压力低得多的饱和蒸汽。输入和输出的蒸汽的压力差越大，蒸汽蓄热器的蓄热能力就越强。反之，当输入蒸汽压力与输出蒸汽压力接近时，其蓄热能力将急剧下降，一般要求有0.3MPa以上的压差。

2. 蒸汽蓄热器的一般结构

蒸汽蓄热器是一种压力容器，一般其承受能力都设计得高于锅炉的最高工作压力。常见的卧式蒸汽蓄热器是一个钢制圆柱形压力容器，外壁敷以保温层，容器内部装有充蒸汽的分配总管和支管，支管末端装有蒸汽喷头，喷头外围装有水流循环阀（又称换流阀），容器壁上装有进气阀、出气管、蒸汽调节阀、止回阀、进水口、水位计、人孔等，底部装有排水口和定位支座。

在运行时，蒸汽蓄热器内贮有占总容积60%～90%的热水，水面以上为蒸汽空间。为保证输入的蒸汽与容器内的水能良好混合而凝结，蒸汽喷头要插入水循环管中。常用水循环管的形状有圆柱形和缩放管形。蒸汽喷头使蒸汽分成小股高速地喷入水中，形成比重较轻的汽－水混合物而引起水的对流，这样可使蒸汽在水中迅速、有效地均匀扩散并与水混合，放出汽化潜热，全部加热水。

3. 蒸汽蓄热器在锻造工业中的应用

在制浆造纸、纺织印染、制糖、制药、酿酒、冶金及火力发电等工厂的生产过程中，用气负荷极不平衡，在一个周期内波动很大，因此在这些工业部门中，蒸汽蓄热器的应用日益受到重视。

这里仅介绍蒸汽蓄热器在锻造工业中的应用。锻造用汽的波动使得工业锅炉的运行不稳定，短时间内用气量急剧波动，常使锅炉产生掉水现象，降低锅炉的效率，因此有必要应用蓄热器来解决这一问题。另外，锻造加热炉是一种低效用能设备，物料吸收的有效能量仅有10%左右，利用余热锅炉产生蒸汽与工业锅炉一起作为锻造用气的气源是最佳的解决方案。

三、移动蓄热技术在余热回收中的应用现状

所谓移动蓄热技术，就是当热源生产者（如工业废热、废蒸汽、废烟气、废渣等）与热能消费者有一定距离时，利用装有储热材料的车来运送热量，它解决了由于时间及地点上供热与用热的不匹配和不均匀所导致的能源利用率低的问题，是提高能源利用率的重要手段之一。

移动供热车是一种新型的余热利用与集约化供热模式。移动供热打破了管道运输的模式，灵活方便，是热量输送技术的一次革命性突破。它主要由储热元件，控制部件，放热、储热管道，载车等部分组成，以高性能蓄热材料和蓄热元件为核心，可将热电厂、冶金、水泥厂等高耗能单位的余热、废热回收储存，并用汽车运输到宾馆、饭店、洗浴中心、居民住宅、学校、医院、部队等热用户处，提供生活热水和供暖。使用移动蓄热技术在节能减排方面有着显著效果，同时其适用范围广，使用方便。

蓄热技术是移动蓄热的核心技术，目前热能储存技术主要研究显热、潜热和热化学能3种热能的储存。其中化学能储能比显热和潜热储热的热密度都要大，而且可以长时间储存，不需要保温的储热罐，但由于反应所需装置复杂精密，技术比较复杂，使用不便，使其在蓄热车上的应用受到限制。

（一）显热蓄热技术在移动蓄热中的应用

显热蓄热就是对蓄热材料加热时，其温度升高，内能增加，从而将热能储

存起来。利用显热蓄热时，蓄热材料在储存和释放能量时，材料自身只发生温度的变化，而不发生其他任何变化，存储能力主要由存储材料的比热容和密度决定。显热储热原理简单，技术成熟，是蓄热技术中实际应用最早、推广最普遍的一种。其中常见的可用于移动供热车的显热蓄热介质有水、水蒸气、土壤、岩石和熔盐等。

水的比热容大约是岩石比热容的4.8倍，而岩石的密度是水的2.5～3.5倍，因此水的储热密度比岩石大。另外，水作为蓄热车储热介质，具有很多优点：①普遍存在，来源丰富，价格低廉。②其物理化学及热力性质已被清楚了解，应用技术成熟。③传热及流体特性好，对换热器要求不高，作为移动蓄热车储热材料，在用户侧则可以省去换热设备，作为热水直接利用。

显热蓄热主要用来存储温度较低的余热能，一般低于150℃，因转换成为机械能、电能或其他形式能量的效率不高，一般仅用于供暖。

显热蓄热方式简单，技术成熟，成本低廉，但一般该类材料储能密度低，在放热过程中温度会发生连续变化，而且热流也不稳定，使其广泛应用受到一定限制。

（二）相变蓄热技术在移动蓄热中的应用

相变潜热储能是利用材料在相变过程中吸收或者释放潜热来储能和释能的，其储能密度要比显热储能系统至少高出一个数量级。相变储能还有一个优点是可以稳定地输出热量并且换热介质温度基本不变，因此可以使得蓄热系统在稳定状态下运行。

通常物质的相变包括以下几种形式：固态－液态相变、液态－气态相变、固态－气态相变及固态－固态相变。

虽然液态－气态或固态－气态在转化时所伴随着的相变潜热比固－液转化时的相变潜热大许多，但是相变过程中容积的巨大变化使得其在工程上的实际应用有着很大困难，所以目前考虑的大都是固－液相变式蓄热。

1. 相变蓄热材料的研究进展

相变蓄热材料具有在一定温度范围内，改变其物理状态的能力。在工程应用中主要考虑的是合适的相变温度、相变潜热高和价格便宜，要注意过冷、相分离和腐蚀等问题。相变储能材料的种类很多，存在形式也多种多样，从材料成分来看，相变蓄热材料包括有机类和无机类材料；从储热温度来分，相变蓄热材料又可分为高温（120℃～850℃）类和中低温（0℃～120℃）类。

2. 相变蓄热材料在移动蓄热车的工程应用

以相变材料作为蓄热介质的蓄热车收集工厂废热，其技术优点是：灵活、效率高、供热稳定。蓄热箱内的相变材料吸收工厂废热后熔化，经过运输工具送至用户端，蓄热材料凝固释放热量，给用户配送热能。

以相变材料为蓄热载体的移动式蓄热系统热容量大、热流稳定，受到很多研究者的青睐。日本的 Takahiro Nomura 等设计了一种以相变材料作为储热材料的潜热运输系统，可以回收钢厂 300℃以上的废热，然后经卡车运输至化工厂蒸馏塔作为热源使用。他们通过理论计算，把所设计的潜热运输系统的运行参数与传统供热方式以及显热为蓄热材料的蓄热车作了对比。结果显示，在蓄热材料一定的条件下以 NaOH（固态相变 293℃，固液相变 300℃）为相变材料的蓄热设备蓄热能力是显热蓄热系统的 2.6 倍。另外，在提供能量一定的工况下，其耗能是没有热回收设备的传统供热方式所需能量的 8.6%，㶲损失以及 CO_2 排放量也大大减少。分析证明，潜热蓄热运输系统具有很好的工程应用性，在节能、减少环境污染方面有很大优势。王伟龙等用移动蓄热技术把热电厂与分布用户联系起来，并接着开展了移动蓄热技术的实验研究，为其应用提供了理论依据和技术支持。

移动蓄热技术在工程实例上的应用，如在德国有公司提供了一个移动蓄热车示范工程，把 180℃的工业废热储存于相变材料，然后再利用卡车运输至 30km 以外的办公区，把热量提供给需求量较大的供热设备与吸收式制冷设备，计算其运行成本，具有相当可观的经济性。日本也做了工程示范点，把工厂的废热储存在相变蓄热材料之中，然后经运输工具转运给除湿空调系统，反响很大。

在我国，中益能移动供热有限公司推出了一种移动供热车，利用蓄热元件并以高性能稀土 HECM - WD03 作为相变蓄热材料，将工业生产中的余热、废热回收储存，经卡车运输到热用户处，再通过换热设备把热量提供给用户。这项技术经鉴定中心节能认证，每辆移动蓄能供热车运行一年可节约燃煤 600t 以上，此移动蓄热车的使用，既可使工业余热废热得到回收利用，在把热能配送给热用户的过程中又可以替代各种产热锅炉，减少了化石能源（煤、石油、天然气等）的消耗，也降低了二氧化碳的排放。

3. 相变蓄热材料的强化换热

应用相变储能时，由于在固态时没有对流，而相变材料的导热系数一般都比较低，并且相变过程中体积又是在变化的，所以无论是在充能时把热量传给储能介质还是在释能时把热量放出，都不像显热那么容易，因此要采取一些措施来提高其传热系数。根据相变材料的封装和工作方式的不同，常被应用于余热回收的相变储能系统技术有以下几种。

（1）使用肋片

使用肋片可以增大传热面积。在相变蓄热系统中使用肋片来强化传热，可使换热面积增大，进而提高相变蓄能系统的传热性能，此法在工程应用中易于实现，较为常用，国内外学者也对使用肋片加强蓄热效率做了大量研究工作。胡凌霄等使用计算工具 Fluent 软件数值模拟了环形肋片对相变蓄能系统的作用，对所得数据进行分析，发现肋片间距及厚度等参数对储热管放热效果有影响，并得到了环肋片最佳间距以及肋厚的数据。重庆大学唐刚志等对针翅管式相变蓄热器的传热特性进行了实验研究，发现三维针翅管换热器在强化换热上收了良好的效果。Francis Agyenim 等也对翅片的强化传热效果进行了大量实验分析，发现长直肋片的强化传热效果最好。

在相变储能系统中使用肋片可有效提高相变材料的传热性能，目前已有的研究结果显示，要想达到强化传热的最佳效果，需合理考虑所用肋片的尺寸、类型以及布置方式等，因此在工程应用中肋片的选择一般应根据实际情况而定。

（2）填充材料，改变传热系数

为了提高相变材料的导热性能，在其中添加一些导热性能良好的材料来提高相变材料的导热能力也是一种较为常用的方法。一般金属填料、石墨、碳纤维等常被作为填充材料。

（3）相变材料与传热流体直接接触换热

这种方法中的相变材料与传热流体不相容，即相变材料虽与传热流体直接接触，但各自物理、化学性质不发生任何变化。日本的 Akihide Kaizawa 等设计了直接式移动蓄热系统，以赤藻糖醇为相变蓄热材料，导热油为传热流体，并通过蓄热箱体的可视化窗口直接观测充放热过程中内部蓄热熔化和放热凝固行为以及流动规律，指出入油口位置和数目对蓄热时间产生的影响。让蓄热材料和传热流体直接接触，相对于间接式蓄热系统，换热过程不仅没有管路的热阻，而且以对流换热为主，会表现出良好的充放热特性。

（4）把相变材料封装后放在传热流体中

相变材料和传热流体直接接触换热固然可使得传热加强，但大部分相变蓄热材料并不能找到适合直接接触的传热介质，当相变材料与传热介质不能直接接触时，也可采用封装蓄热材料的方法，把封装有蓄热材料的小球放置于储热容器中，传热流体在容器中流动而实现换热，这种方法叫作胶囊型 B5。章学来等设计了一种利用相变蓄热球的移动供热装置，该装置包括蓄热箱体、相变蓄热球、供热换热器、取热换热器，相变材料填充在相变蓄热球内，相变蓄热球填充在蓄热箱体内的蓄热室里，取热换热器设在蓄热室的上部，下部则是供热换热器。

四、移动蓄热技术的应用

移动供热的终端用户主要是宾馆、酒店、洗浴中心、学校、医院、部队、厂区、小区等。

（1）居民小区供暖

近些年，房地产是发展速度较快的几个行业之一。由于城市化速度较快，所以集中供暖不能事先全范围地覆盖，集中供暖缺口非常大，这为移动供热技术的发展提供了主要的机会。

（2）宾馆、酒店、洗浴中心

随着中国经济的快速发展，国外和国内各个地区经济文化的交流日益频繁，这就导致了人口的流动性增强，为宾馆、酒店、洗浴中心提供了庞大的客源支持，为其发展奠定了基础。事实上，宾馆、酒店、洗浴中心的发展速度也确实跟上了经济发展的速度，成为城市里热需求较稳定的用户。

（3）学校、医院等

这些单位固定在某一区域内，其数量和规模在短期内不会发生较大的变化，而且对热能或者热水的需求比较稳定，主要是浴池洗澡以及冬季供暖，为移动供热项目提供了稳定的基础。

（4）居民小区热水

随着经济的发展，居民小区的数量迅速增加，而像 24 小时热水等服务也纷纷进入了普通小区，这为移动供热项目的发展提供了积极因素。

第七章

燃气工程节能技术创新

技术创新涵盖面比较广，主要包括产品的创新、工艺的创新、组织的创新、市场的创新和材料的创新等。燃气工程节能技术创新的目的是提高效率，促进燃气企业利益最大化。

第一节　LNG冷能利用技术

一、概述

（一）LNG简介

LNG即液化天然气（Liquefied Natural Gas），是天然气经脱水、脱硫、脱CO_2、脱重烃后的甲烷（CH_4），在常压低温（-162℃）条件下得到的。1m^3液化天然气（液体）的质量约为431.6Kg（-162℃），汽化后可得到约620m^3（0℃、101.325kPa）气态天然气。由于液化天然气的储存和运输优势，特别是利用大型液化天然气海洋运输船进行的跨海远距离运输，促进了世界液化天然气的发展。

在接收基地，LNG用罐贮藏，经泵升压后，通过汽化器汽化，可用作城市燃气、火力发电用燃料及工业用原料和燃料。

LNG由于运输方便、使用机动的优点，已被许多国家作为进口能源的主要形式。例如日本，城市燃气主要依靠进口的LNG。随着我国城市燃气事业的发展，LNG的利用也已提到议事日程上，有必要对LNG的冷热利用予以介绍和研究。

（二）LNG的冷热能

LNG的主要成分是甲烷，其他成分还包括氮、乙烷、丙烷、丁烷等。若LNG拥有的冷热能以100%的效率转换成电力，那么1tLNG相当于240kW·h，即整个LNG具有相当大的能量，有效地回收冷热能可节约大量的能量。

通常，用作远距离输送气体及化学工艺原料使用时，LNG的气化压力较高，可达2～10MPa，压力可以有效地使用，而温度烟较小。在供给靠近LNG接收基地的火力发电用的液化天然气时，气化压力较低，仅为0.5～1MPa，可有效地利用其温度㶲。

目前，LNG 的冷热能已成功地用于空气分离、冷冻仓库和发电等方面。

二、LNG 冷热用于空气分离和冷冻仓库

（一）空气分离

常用的空气分离法是指将空气液化，通过氟利昂冷冻机、膨胀透平进行空气的液化和分离，制成液态的氮气、氧气、氩气等。而 LNG 冷热用于空气分离则是通过循环氮气的冷却来实现的。

一般的，生产 10000Nm^3/h 的液态气体大约需要 650 万 kJ 的冷却能，利用 LNG 的冷热，循环氮气压缩机可以小型化。另外，因为不需要冷冻机，建设费用也可相应减少。

（二）冷冻仓库

将 LNG 的冷热用于低温冷冻仓库方面的成功例子是日本超低温冷冻公司在根岸 LNG 接收基地的 -50℃ 金枪鱼冷冻仓库，使用 LNG 与氟利昂 R-12 进行热交换，并以氟利昂 R-12 为冷媒在仓库内循环制冷。这种制冷方法不需要通常采用的大型冷冻机，建设费用少，建筑物也能得到有效利用。另外，电力消耗大幅度下降，节能效果显著。一般而言，LNG 冷冻仓库可设在 LNG 接收基地附近，但需考虑作为食品流通经营渠道的合理性。

（三）海水淡化

利用 LNG 低温淡化海水采用的是一种冷冻淡化法。海水中的盐类含量占 3.5%，冷却到冰点以下就会结成晶体，取出这些颗粒状晶体后，盐类便与母液分离，再将冰重新溶化就得到淡水。这种海水淡化法需要冷却循环，利用 LNG 的冷热来实现这种冷却循环可节约电力消耗，采用 LNG 冷热海水淡化法可使传统的冷冻法的电力消耗由 11～12kW·h/Nm^3 下降到 3～4kW·h/Nm^3，每吨淡水的 LNG 用量为 0.5～0.6t。

三、LNG冷热发电系统

利用LNG冷热发电的方式有三种：

（1）利用LNG的温度㶲的朗肯循环。

（2）利用LNG的压力㶲的天然气直接膨胀方式。

（3）利用温度㶲、削减压缩动力的燃气透平循环。

下面分别介绍两种方式及其组合。

（一）朗肯循环

利用中间载热体的朗肯循环的基本流程依照冷凝、升压、蒸发、膨胀的循环重复工作。这种装置在冷凝过程中以LNG为冷源，以海水作为蒸发过程的热源，在膨胀过程中使透平旋转、发电。

采用朗肯循环利用LNG冷热发电与凝汽式蒸汽透平相似，利用海水或其他余热作为高温热源，其温度水平较低，若要提高㶲效率，关键是高效换热器的设计。在选择中间载热体时，需考虑下列因素：

（1）容易获得、价格低廉。

（2）在LNG温度范围内不凝固。

（3）单位循环量的热量大、传热特性好。

（4）便于管理，例如部件易加工、在常温下不产生异常的高压等。

（5）具有安全性（无腐蚀性、毒性，不燃或难燃等）。

实际上除使用丙烷、乙烯等碳氢化合物及合适的氟利昂外，还可考虑使用两者的混合物。在使用朗肯循环回收LNG的冷热时，总的输出功率取决于透平中间载热体在进出口的焓差、循环量、机械损失及透平效率等因素。当LNG的气化能力在200t/h以下时，透平形式多数为径流式。另外，在LNG负荷变化较大时，透平的部分负荷特性要好，为此，可采用喷管角可调、喷管数可变装置等。

1. **单级单工质朗肯循环**

采用丙烷、R22 等单一成分的工质时，虽然在换热器中的烟损失较大，但在工质的沸腾、凝结过程中，传热系数较大，换热器较经济。

用海水作为热源使用的例子。工质蒸发器使用水平多管式换热器。为增加回收动力，尽可能使工质的蒸发温度接近热源的水温，这样将导致热流率变小，沸腾膜传热系数降低，传热热阻增大。因此，需提高管内水流速度，或使用经过特殊加工的、可提高沸腾传热系数的传热管。

工质冷凝器可采用普通的横置多管式换热器，与受液器做成一体。在采用丙烷做工质时，设 LNG 的管内质量流量为 0.3 ~ 0.5t/m^2 · s，若使用普通直管做传热管，则总传热系数可达 582 ~ 930kW/m^2 · c。然而，由于液体中含有不凝成分，使得传热热阻明显增加，导致回收动力减少，因此必须使用高纯度的液体（即完全清除氮气等不凝成分）做工质。另外，当在换热器中冷凝工质过冷时，由于工质的循环量降低，所以希望尽可能在接近饱和温度时凝结。为此，还可使用在换热器中将冷却液再次凝结的方法，在换热器下部放置填料作为饱和器使用是非常有效的，它成为传热面的一部分，从而提高总传热系数。

LNG 加温器将工质冷凝器中大部分已汽化的 LNG 加温到接近热源的水温，通常可使用横置式多管换热器。但由于加温器入口气体温度较低，在水温低时，传热管内的水会结冰甚至堵塞传热管。因此，必须注意传热情况的恶化及换热器下部存积未气化的液体等故障。存在这种可能性时，可将工质冷凝器出口的天然气与已气化的工质进行热交换，使温度上升后再进入加温器，故此冷凝液可以以自然循环方式返回工质蒸发器。

另外，气化的工质以饱和蒸汽驱动透平，根据工质种类的不同，有些工质经透平膨胀后，会引起湿度升高，此时需设置工质的过热器。

2. **多级朗肯循环**

二级再生式朗肯循环的流程中，将膨胀到低压的主透平 T_1 和膨胀到中压的副透平 T_2 分开，做成高、低压两级透平，中间采用抽气再生方法（可根据透平型式和对装置的运行特性的分析来进行选择）。

3. 混合工质的朗肯循环

作为混合工质的碳氢化合物系列物质，由甲烷、乙烷或乙烯、丙烷、丁烷等组成，仅需将 LNG 与 LPG 调整、混合，即可得到。另外，也可将 R14、R13、R12 等混合的氟利昂系列作为混合工质，但其价格相当昂贵。

混合工质朗肯循环的流程中，工质冷凝器采用多流体换热器，可利用循环工质的自身显热或潜热进行预热或部分气化，然后在蒸发器中全部气化。在蒸发器内得到的饱和或过热的工质蒸气在透平内进行膨胀做功，再在工质冷凝器中将工质冷凝液化，经泵加压循环。

与采用单一工质时不同的是：混合工质蒸发器的平均温差较大，相应的烟损失增加，当温差增大而作为热源的水温低时，在换热器的低温部分常会产生传热面结冰、恶化传热的现象，所以在选择换热器时必须注意这一问题。

另外，在蒸发末期的高温部位，由于混合工质中的大部分成分在过热区，其膜层传热系数不太高，因此整个蒸发器需要较大的传热面积。与采用单一工质时相比，透平、泵没有大的区别，但必须注意：由于混合工质在常温下的压力相当高，因此必须将本体及其轴密封部等设计成耐高压的部件外，在备用时的工质压力必须不升高。

（二）天然气直接膨胀方式

该循环旨在利用 LNG 的压力烟，LNG 经泵升压，容易从冷热烟中得到压力烟——这种压力烟即为机械能，经膨胀透平、发电机可有效地转换为电能。因此，若气体供应压力在 3MPa 以下，即使容量较小，也可很经济地回收电力。

此时，可回收的动力量取决于气体的压力比，当气体供给（即送入燃气管网使用）压力升高时，透平入口的压力也增大，LNG 泵的动力消耗将增加，整个系统的经济性就变差了。由于单位流体流量的工作压力高，采用这种方式的膨胀透平可做成超小型高转速。但相应的由于转动惯量小，需要有很好的对策防止卸负荷时的超速，部分负荷特性通过喷管角调整来改善，一般在紧急断气或根据负荷调速时使用。另外，当发电部分发生故障时，为保证 LNG 气化，可将透平的旁通阀（减压阀）打开。

对于气体供给压力较低而可获得较高压力比的情况，可以将海水作为热源，把透平做成多级，并采用再热器增加动力回收，提高再热器、加温器的入口温度，以避免传热面产生结冰等故障。在 LNG 为多组分时，在透平入口处也能避免进入湿蒸汽区。

第二节　工业炉节能技术

对于燃气工业炉这样的大型热工设备，若要节约能源必须从加强设备管理、提高热效率、提高生产率等几个方面着手。

一、采用新型（节能型）燃烧装置

燃烧器的节能效果是通过两种途径来实现的：一方面，通过燃烧性能的改善减少不完全燃烧等造成的热损失；另一方面，采用新型燃烧器可改善炉膛内的传热情况，炉子的生产率提高，从而达到节能的效果。

当然，新型燃烧器的使用在很大程度上取决于工艺的要求，即采用新型燃烧器是否可以满足工艺（如热处理、压力加工等）所要求的加热温度、均匀程度等方面的需要。

通过采用新型燃烧器达到燃气工业炉窑节能的效果，一般是在炉窑的设计或大修时所考虑的问题。

二、改善炉子的绝热性能、减少热损失

（一）炉体的绝热保温与节能的效果

众所周知，工业炉炉体一般是由各种耐火材料砌筑而成的，其热损失一般

包括散热损失和蓄热损失两部分，通常散热损失是指通过炉衬传导至外炉壁面散失在炉子周围大气中的那部分热量，而蓄热损失是指在生产过程中，炉体本身被反复加热冷却而消耗的那部分热量。一般来说，连续式加热炉的散热损失所占的比例较大，而间歇式加热炉的蓄热损失比例较大。采用炉体绝热保温措施，就是为了减少这两部分热量的损失。在设计工业炉时，要求炉体蓄热和通过炉体向外传导的热损失越少越好，这样就可以使加热速度提高，炉子的热效率也相应提高，单位产品的能耗下降。

（二）常用绝热保温材料的性能

一般可按照工作温度来划分绝热材料：在工作温度高于1200℃时，称为高温绝热材料；工作温度低于1200℃而高于900℃时，称为中温绝热材料；工作温度低于900℃时，称为低温绝热材料。在一般的燃气工业炉窑中，所指的是后两者，即中温和低温绝热材料。

下面简单介绍几种常用的绝热材料。

1. 硅藻土

硅藻土是硅藻的尸骸沉积在海底或湖底所形成的一种松软多孔的矿物，其主要化学成分是非晶体的SiO_2，并含有有机物质、黏土等杂质。硅藻土砖是以煅烧过的硅藻土为主，用生硅藻土或黏土结合剂制成的。硅藻土不是耐火材料，使用时不能与火焰直接接触，在工作温度低于900℃时，绝热性能良好。

2. 石棉

石棉绝热材料有粉状的，也可制成石棉板、石棉布、石棉纸、石棉绳等。

石棉可分为纤维蛇纹石棉和角闪石棉两大类，用得最多的是前者，又称温石棉，其化学成分为纤维状硅酸镁（$3Mg \cdot 2SiO \cdot 2H_2O$），其性能如下。

（1）高温强度：纤维蛇纹石棉在500℃时开始脱去其化学结合水并使其强度降低，在700℃～800℃时变脆。其熔点为1500℃。

（2）容重及导热性能：在松散状态下的纤维石棉，容重和导热系数都较小。

3. **蛭石**

蛭石作为工业原料使用，开始于20世纪初期，膨胀蛭石的普遍使用则开始于20世纪40年代。蛭石得名于它在受热膨胀时的形态很像水蛭的蠕动。

（1）化学成分

蛭石是一种复杂的铁、镁、含水硅酸铝盐类矿物，其矿物组成和化学成分极为复杂，且不稳定。其化学式为 $(Mg, Fe^{2+}, Fe^{3+})_3[(Si, Al)_4O_{10}][OH]_2 \cdot 4H_2O$。另外随产地的不同，还含有少量的 K_2O、Na_2O、MnO、水分等。可见，蛭石的化学成分变化是很大的，不能单从化学成分来评价其性质。

（2）物理性质

由于水化程度的不同，蛭石的物理性质也有很大的变化。当蛭石被加热到800℃～1100℃时，在短时间内体积急剧膨胀，单片体积可增大15～20倍，这是它最有价值的特性。

蛭石的抗压强度不大，一般为100～15MPa，熔点为1300℃～1370℃。蛭石不耐酸，即使在常温下也可被硫酸和盐酸腐蚀，腐蚀程度随温度的增高和酸浓度的加大而提高，但蛭石的耐碱性较强，苛性碱对蛭石的腐蚀也很微弱。蛭石的电绝缘性能很差，不可用作电绝缘材料。

4. **膨胀蛭石**

蛭石经过高温煅烧成为膨胀蛭石后才具有使用价值，受蛭石原料和生产工艺的影响，膨胀蛭石的性质有很大的变化，现简要介绍如下。

（1）容重

容重是衡量绝热材料质量的主要指标之一。膨胀蛭石的容重一般为80～200kg/m³，这主要取决于膨胀程度、颗粒组成和杂质含量等因素。换言之，尽管蛭石的原料质量很好，若煅烧不好、未达到完全膨胀，容重也会增加。同样，若在选矿时没有很好地清除杂质，尽管煅烧得很好，由于杂质不会膨胀，其容重也会增加。另外，膨胀蛭石的颗粒组成对其容重的影响也很大，大的颗粒容重小，小的颗粒容重大。

（2）导热性

膨胀蛭石的导热系数一般为0.047～0.07W/m²·c。膨胀蛭石的导热性能与其结构状态、容重、颗粒尺寸、热流方向等因素有关。

①容重对导热性能的影响。可用下式来表示容重对导热系数的影响：

$$\lambda = (0.0454 + 0.000128\rho) \pm 0.0116 \mathrm{W/m^2 \cdot c}$$

其中，

λ——膨胀蛭石的导热系数；

ρ——膨胀蛭石的容重。

②所处环境的温度对导热性能的影响：高温时，由于膨胀蛭石薄层间空气的热交换作用增强，使其导热系数增大，隔热性能降低，膨胀蛭石的导热系数随其所处环境温度的提高而成正比地增大。

③颗粒尺寸的影响：当温度在100℃以下时，小颗粒的膨胀蛭石比大颗粒的导热系数大。而当温度更高时，就会出现与此相反的现象，因为大颗粒的对流换热作用比小颗粒要充分得多。因此，在低温环境下绝热时，可选用大颗粒的膨胀蛭石；在高温环境下绝热时，就要选用小颗粒的膨胀蛭石。

④颗粒层面与热流的方向对导热性能的影响：膨胀蛭石的导热性能随着热流与颗粒层面方向的不同而不同，热流沿其层面流动比垂直其层面流动时的导热系数要大两倍。因此，在填充松散膨胀蛭石时，要尽可能使膨胀蛭石的层理与热流的方向垂直，这样在使用同样的膨胀蛭石的情况下，可得到最小的导热系数。

⑤含水量的影响：由于水的导热系数比空气大，膨胀蛭石含水量的增大会导致其导热系数增加。当膨胀蛭石的含水量增加1%时，导热系数平均提高2%左右。因此，应防止膨胀蛭石受潮，尽量降低其含水量。

（3）耐热性

膨胀蛭石属无机矿物，具有很高的熔点和不燃性，且还具有较好的耐热性能，其允许工作温度不大于1000℃。

5. 珍珠岩制品

珍珠岩是一种酸性玻璃质的火山喷出物，岩浆遇冷后急剧凝缩形成矿石。珍珠岩的主要特性如下。

（1）化学组成

珍珠岩的化学组成大致为：SiO_2：68% ~71.5%，Al_2O_3：11.5% ~13.2%，MgO：0.04% ~0.2%，CaO：0.68% ~2.3%，Fe_2O_3：0.86% ~1.86%，K_2O：1% ~3.8%，Na_2O：3.1% ~3.6%，烧失量：4.5% ~11%。

（2）物理性质

珍珠岩的比重为2.32 ~2.34，硬度为5.2 ~6.4，耐火度为1300℃ ~1430℃，其绝热性能比常用的膨胀蛭石和硅藻土好：从容重看（kg/m^3），膨胀珍珠岩为40 ~300、膨胀蛭石为100 ~300、矿渣棉为125 ~300、硅藻土为350，可见珍珠岩较轻；从导热系数看（$W/m^2 \cdot c$），珍珠岩为0.048、膨胀蛭石为0.055、矿渣棉为0.056、硅藻土为0.070，可见珍珠岩的绝热性能也较好。

由于上述特点，珍珠岩制品目前广泛应用于工业炉的炉体绝热保温，减少砌体散热损失，有良好的节能效果。

6. 耐火纤维

耐火纤维又称陶瓷纤维，其使用时间较短，是一种新型的节能材料，容重轻、导热系数低、耐高温抗热震、抗气流冲刷，被日益广泛地应用在各种工业炉上，在国外被誉为工业炉结构的巨大革命。现介绍如下。

（1）容重

硅酸铝耐火纤维散状物的容重一般小于$0.1g/cm^3$，加工为毡或毯时为$0.12 \sim 0.16g/cm^3$，较密实的二次制品也仅为$0.2g/cm^3$。因此，其重量仅为普通耐火砖的1/10至1/5，为一般轻质耐火砖的1/6至1/4。在同样条件下，采用硅酸铝耐火纤维的炉墙的蓄热量仅为普通耐火砖的1/24至1/7，蓄热损失小，特别适用于间歇工作的热处理炉。

（2）导热系数小、保温效果好

硅酸铝耐火纤维的导热系数比其他保温材料低得多，1cm 的耐火纤维层的保温效果相当于 10cm 的普通耐火砖、5cm 的轻质砖或 2cm 的保温砖。

（3）高温稳定性

硅酸铝耐火纤维在 950℃以下时，基本上是稳定的；当温度达到 1000℃时，通过 X 光检查可观察到非晶型纤维逐步发生析晶失透现象，纤维逐渐失去弹性而变脆、粉化；温度进一步升高时，会产生自然蠕变现象，使体积缩小。原料中的杂质越多，上述现象就越严重。所以，长期使用温度在 1000℃以上的工业炉，应选用高纯度的天然料、高铝料及人工合成的硅酸铝耐火纤维，以保证工业炉结构的稳定。

（4）耐化学侵蚀

硅酸铝耐火纤维的耐化学侵蚀能力比玻璃纤维和矿物棉强，在常温下不与酸作用，在高温下对液态金属及合金不浸润。但在具有高浓度氢气的热处理炉中采用硅酸铝耐火纤维，如其中含有少量杂质，它们就容易被还原，使炉内的露点升高，加剧金属材料的氧化。此外，当温度高于 1300℃时，硅酸铝耐火纤维也会与铁发生化学反应而生成硅铁合金。

（5）合理使用

一般在工作温度低于 1000℃时，可使用天然料硅酸铝耐火纤维，在工作温度高于 1000℃时，可选用合成纯料硅酸铝耐火纤维；对温度高于 1100℃的工业炉，必须使用高铝纯料或含铬纯料硅酸铝耐火纤维。

总之，要根据炉温和温度梯度曲线来合理地选用耐火纤维。但需指出，在下述情况下不能选用耐火纤维：

①与熔融液态金属和熔渣接触的部位；

②火焰直接接触和高速气流冲击的部位；

③易与被加热工件相碰撞而无法防护的内衬；

④当炉内气流速度超过 13m/s 而耐火纤维未经过特殊处理的；

⑤用氢气作为保护气体的热处理炉。

三、制定合理的操作制度、加强管理

（一）选择合适的过剩空气系数

对炉窑而言，过剩空气系数的大小直接影响它的热效率：在过大的过剩空气系数下，烟气体积的增加直接导致排烟热损失的增加，同时使炉温下降，造成燃料的浪费。当空气供应不足时，燃烧不完全，又增加了化学的不完全燃烧的热损失。一般在烟气中每增加1%的可燃成分，则浪费燃料3%～5%。

国外对于燃气工业炉窑的设计标准中建议 $\alpha=1.05\sim1.10$ 为最佳。

（二）建立合理的温度制度

控制合理的升温、保温时间，选择适当的加热、均热和冷却速度，可达到节能的目的。日本从节能观点出发，建议中碳钢模锻最合适的温度为1200℃～1250℃，自由锻合适的温度为1150℃～1200℃。我国的锻件加热温度一般偏高，炉温经常达1400℃，甚至高达1500℃，使锻件表面熔化，不仅影响了加热质量、减少加热炉寿命，而且浪费了燃料。

此外，还要注意炉温的合理分布、调节炉子各段的热负荷、按最佳装炉量装炉。对不同的炉子应按照实际的生产率来调节相应的最佳热负荷，以免在产量较低时造成燃料的浪费。例如，对三段式连续加热炉来说，整个炉子由预热段、加热段、均热段所组成，三段具有不同的功能：预热段可充分利用烟气余热，加热段可实现快速加热、提高生产率，均热段可减小被加热料的断面温差，提高加热质量。在设计产量下工作时，炉子可按三段制度操作，随着炉子生产率的降低，可逐渐减少加热段的热负荷，当炉子生产率比设计低很多时，可完全停止加热段的供热，将炉子变为二段加热制度，这样可节约大量燃料。

（三）控制炉内压力、减少炉体的冒火和漏风量

通过炉门及开孔处逸漏造成的热损失占11.5%，辐射热损失占1.7%。这

个数值已经相当低，对于有的工业炉来说，这部分热损失要高得多。

工业炉通过炉门及开孔处所逸漏的烟气量与炉内压力密切相关，根据计算，在炉温为1300℃、开孔直径10cm、开孔处的炉压为-10Pa时，由于漏入冷风所造成的热损失为1.26×10^5kJ/h；开孔处的炉压为+10Pa时，由于高温炉气逸漏而造成的热损失可达3.77×10^5kJ/h。

由此可见，炉内压力的大小对炉气逸漏损失有极大的影响。按照炉子的热工烟气，应采取相应措施控制炉门坎水平面上的压力。一般可通过下列措施来减少炉子的漏风及冒火损失：

（1）设计时，在满足加热及生产要求的前提下，尽量减少不必要的炉门。

（2）炉体要严密，凡是有小孔隙的地方，要用散状的硅酸铝耐火纤维或其他耐火材料填塞。

（3）在设计时，要确保烟尘有足够的抽力，炉膛内应安装炉压监测仪表，烟道内的闸门应轻便、灵活、便于操作，在操作过程中，要根据炉压及时调整烟道闸门。

（4）对于推钢式连续加热炉，在炉型结构上采用炉顶供热的平焰燃烧器或反向烧嘴，以增加炉压，减少冷风漏入量。

（四）完善必要的检测仪表，采用自动控制

在工业炉的各个部位安装有关的检测仪表，对其进行热工控制，保证热工设备随时处于最佳工况。为了使热工设备的运行参数符合设计要求，可使用计算机控制系统。

四、充分利用余热提高燃料的利用率

在第六章中，已详细介绍了余热利用的各种技术和利用原则。一般来说，对于燃气工业炉窑的余热，在回收利用时要优先考虑预热燃烧用空气或燃气。预热空气或燃气不仅可以直接回收大部分的烟气余热，而且可提高理论燃烧温度并提高燃气的燃烧速度、改善燃气的燃烧过程。

此外，在确定余热回收方案时，还必须考虑工业炉余热的具体特点，如量的多少、温度的高低、是否含有腐蚀性物质，等等。

五、几种节能型加热炉

（一）平顶辐射连续式加热炉

国外高生产率的连续式加热炉，打破了传统的理论概念，提高了炉温，延长了加热段的长度，增加了加热段数目，采用多点供热、分段控制和快速加热形式。

平顶辐射连续式加热炉。这种炉型的炉顶是平的，没有起伏，炉膛下部呈阶梯型或平坦型。炉顶供热一般用高热值燃气辐射加热，供热量占整个炉子供热量的50%以上。由于采用强化加热，炉子的最大特点是高热量、高效率、高生产率，炉底强度高达850～1000kg/m^2·h。这种炉型在西欧应用较多。

（二）步进式加热炉

传统的推钢式加热炉存在着不易清除均热段炉底的氧化皮、炉子有效长度不得超过钢材厚度的170～200倍（以防推钢时拱起）、影响炉子生产率等缺点。步进式加热炉就是针对上述问题而设计的一种新炉型。其优点如下：

（1）被加热工件在炉内有一定的间隙，受热面多，温度均匀，可避免工件拱起及粘连。

（2）可加热各种形状的工件。

（3）加热速度快，加热时间可根据产量的变化来控制，同时可减少氧化脱碳。

（4）可根据被加热工件的大小来控制其前进速度、行程，从而提高炉子的产量。

由于步进式加热炉的上述优点，近年来在国内外得到迅速发展。日本、德国、美国、意大利等国，从1973年后，建成的热轧带钢厂大部分采用步进式加热炉，目前在我国也有一定的推广和应用。

步进式加热炉实质上是一种机械化炉底的连续式加热炉，其步进结构又分为步进梁式和步进底式两种。

步进梁式加热炉，主要提高了工件加热的均匀性，降低了燃料消耗，减少了污染物排放。在提高工件的加热均匀性方面，主要是改进了燃烧器的布置，采用了合理的步进梁截面形状和耐热垫块。在降低燃料消耗方面，采用了低炉底强度的低热耗炉型，同时改进了装料方法和出料炉门的结构，加强了对生产的控制。

步进底式加热炉主要是用来加热中小型钢坯（单面加热）。由于这种炉型无炉内水管，对于加热质量和节能都有好处。在坯料太短，无法用步进梁式加热炉进行上下加热时，可用步进底式加热炉进行单面加热。

步进式加热炉的缺点主要是结构较复杂，其设备的总重量比传统的推钢式加热炉大 2.4 ~2.5 倍，投资多 10% ~15%。但从生产率、加热质量和燃料消耗等多方面综合考虑，这种炉子有很大的优越性。

（三）节能型罩式炉

自从出现新型轻质耐火材料后，罩式炉的结构有了很大改进，钟罩自重大大减轻，炉衬改薄，提高了炉子的抗震性能和热效率，达到了节能的目的。

罩式炉采用高速燃烧器和耐火纤维，炉台与地面齐平，铲车可开到炉台上卸料。炉台的两对角安装两个高速燃烧器，其轴线与地面呈 30°角。由燃烧器喷出的高速气温促使炉内的气流既进行水平方向旋转，又进行上下循环，从而保证炉温均匀，增加了对流换热，有利于工件温度的严格控制。为促进气流循环，排烟孔设在炉台两端靠近高速燃烧器处。

炉衬由耐火纤维及矿渣棉制作，内铺三层 25mm 的天然耐火纤维毯，背衬 50mm 厚矿渣棉。耐火纤维毯宽度为 600mm 左右，用螺钉螺母及垫片固定。炉衬使用温度为 1100℃。

为控制冷却速度，减少在冷却阶段的物料氧化，在炉罩上部装有耐热合金冷却管，用鼓风机向冷却管内供风，强制冷却。炉子可按预定的升温－保温－冷却曲线自动控制。在升温期内，炉内温差为 ±15℃，保温期内为 ±4℃。由于炉罩很轻很薄，蓄热损失非常少，节能效果达50%左右。

第三节　燃气空调技术

一、概述

燃气空调，又称（燃气）直燃型溴化锂吸收式冷热水机组，是指将燃气燃烧作为热源，采用水－溴化锂作为工质来完成供热或供冷的机组。

我们知道，制冷技术的发展起源于吸收式制冷，但由于某些技术和效率上的原因，曾一度被压缩式制冷所替代。后来，由于技术上得到改进，效率又有所提高，在近 20 多年来在各方面日臻完善，吸收制冷技术又恢复发展，且已有多种产品出现，大至中央空调，小至家用冰箱，广泛应用于能够充分发挥其优点的各个领域。

燃气空调技术的应用，在很大程度上是为了满足燃气与电力协调发展的需要。随着改革开放及经济建设的飞速发展，城市建设对能源提出了新的要求，建筑能耗已占全社会总能耗的25%，建筑节能已成为缓解我国能源瓶颈现状的重要手段。以上海为例，已经建成和正在施工的高层建筑有 1400 多座，一般都采用中央空调和热水供应系统等大能耗设施，而中央空调的用电量占整幢建筑用电的40%以上。尽管我国电力工业有很大的发展，但仍无法满足日益增长的电力需求（特别是高峰用电），致使电力供应紧张的矛盾较为突出，有时不得不采取限额计划用电、高峰时限制空调用电等措施，限制电力使用。

近年来城市燃气事业的迅速发展，使供气能力有大幅度提高，已出现在夏季需求量小于生产能力的矛盾。于是，从能源管理角度可起到削峰填谷作用的燃气空调受到人们的重视。日本早就将普及燃气空调作为能源政策的支柱之一，建筑面积在3000m^{2}以上的建筑70%都使用燃气空调；即使在电力供应充足的美、英、德等国，也在税收方面给燃气空调以优惠，以引导燃气空调的发展。我国也将制定有关的能源政策，加强宏观调控，采取优惠政策。

从技术的角度，燃气空调节电率也是十分高的，其综合节电率在90%以上。由于无需专门建造锅炉房提供蒸汽或热水作为发生器的热源，设备投资比电空调投资降低20%，大中型中央空调节能可达30%以上。运行费用比电空调更经济，且占地少、设备系统简化、操作管理方便，因此已逐渐成为中央空调系统的主导机种，较广泛地应用于宾馆、商场、体育场馆、会议厅、办公楼、影剧院等中央空调系统。此外，由于燃气空调不使用氟利昂，有利于大气环境保护。

二、燃气空调的工作原理

（一）主要结构

直燃型溴化锂吸收式冷热水机组由燃烧器、高压发生器、低压发生器、吸收器及高低温热交换器、吸收泵、溶液泵、真空泵等组成。

按照使用的燃料的不同，燃烧器可分为燃油型（轻油、重油）、燃气型（城市煤气、天然气、液化石油气等）和油气两用型。

这种机组的主体为单筒体，上半部为冷凝器和低压发生器，下半部为蒸发器和吸收器，直燃式高压发生器单独设置在筒体外部，另外设有高温热交换器、低温热交换器和预热器、发生器泵、吸收器泵、蒸发器泵等。

（二）制冷循环

燃气空调的制冷是通过提供冷媒水来完成的，主要流程如下：在高压发生器中，由燃气燃烧提供的热能使经过两次预热的稀溶液受热而产生冷剂水蒸气。蒸汽被引入低压发生器，用来加热来自低温热交换器的稀溶液，产生的冷剂水蒸气进入冷凝器，被冷却水冷却后凝结成饱和冷剂水，集聚在水盘中。高压的冷剂水经“U”形管降压后进入蒸发器的水盘和水囊中，由蒸发器泵汲入加压后在蒸发器中喷淋，在汽化的过程中吸收冷媒水的热量而使之降温（制取低温冷媒水）。蒸发产生的低温冷剂蒸汽在吸收器中被喷淋的浓溶液吸收，并使浓溶液稀释成稀溶液。吸收器底部的稀溶液被发生器泵汲入增压，在预热器和高温热交换器中和浓溶液换热（浓溶液被预冷，稀溶液被预热），再进入高压发生器并重复上述过程。冷却水为并联的两路，一路经过冷凝器带走高温冷剂水蒸气的冷凝热，另一路经过吸收器带走吸收热。

（三）采暖循环

燃气空调的采暖循环是通过提供热水来完成的：高压发生器产生的高温冷剂水蒸气被直接引入蒸发器，在此加热流经传热管的热水使之升温。蒸汽的凝结水使浓溶液稀释成稀溶液。溶液的循环和制冷循环相同。

机组在采暖循环运行时，低压发生器、冷凝器、吸收器均不工作，冷却水也不循环。

三、附带卫生热水的机组

供暖设备在北方地区用于冬季采暖时，往往感觉供热不足，为弥补这一缺陷，生产厂家可按用户要求增大供热量，有些产品还附带卫生热水供应。

直燃型溴化锂吸收式冷热水机组在机房部分的水系统，按系统中水的用途分为空调水（冷媒水或热水）循环系统、冷却水循环系统和卫生热水系统。现将三部分所用的设备和功能介绍如下。

1. 空调水系统

空调系统的回水（冷水或热水）返回机房的集水器，汇总后被冷媒水泵（或热水水泵）汲入后增压。在回水总管上应设置除污器，以收集并去除空调水管路中的杂质（如焊渣、铁锈等）。另外，为在清洗除污器时不影响水系统的循环，必须设一个过桥阀。除污器的进口和出口各装一个压力表，其作用是了解除污器的集污情况，当两个压力表的压差较大时，说明应拆下除污器进行清洗（在拆下除污器前应先打开过桥阀）。在回水总管上还需设置膨胀水箱，用以缓解封闭的水系统中因温度变化而产生的压力。膨胀水箱上按惯例应具有自动补水管、溢流管、排污管等接口。回水总管上还需设充水接口，首次充水由此充入系统。水泵的汲入管上需装一个过滤器，以保护泵的叶轮，压出管需装止回阀。

水泵的设置数量，对于单主机系统应单独设一台备用泵，若是多台主机系统，则可共用一台备用泵。若系统较小，也可考虑和冷却水泵共用一台备用泵，其调配使用可通过管路连接设计及阀门的启闭调节来完成。水泵的压出总管（管上需设止回阀）将空调水送入主机的蒸发器，降温后的冷媒水（或升温后的热水）经出水总管送至分水器，按空调系统各回路的水量要求送至用户。在各条供水管上装一个数字式流量计即可观测各回路的流量。

2. **冷却水系统**

经冷却水塔降温的冷却水被冷却水泵汲入增压后，送入主机的冷凝器和吸收器，从主机出来的冷却水依靠其余压直接送至冷却塔。此处需注意两点：一是冷却塔最好选用集水型的。若不是集水型冷却塔，则在冷却塔和水泵间沿需设置高位水箱，使水泵处于水箱的液面之下，同时水箱还必须具有足够的贮水量（比冷却水系统的总水量大50%～100%），以保证水泵的顺利启动。二是多台主机和多台冷却塔时，应为每台主机单独设置冷却水泵和冷却塔，但各个独立的管路系统间要用管路和阀门相联系，以提高使用的灵活性（互为备用）。

3. **卫生热水系统**

热水器的出水进入卫生热水箱，这里的热水箱起到了贮水、膨胀、定压三个方面的作用，同时还控制卫生热水系统的补水。卫生热水系统循环的水量由自来水补充，该补水管上需设止回阀。热水器的出口和入口间应设旁通管路，由温度控制器根据热水器出口的水温控制旁通电磁阀的启闭，以达到控制供水温度的目的。

四、直燃型溴化锂吸收式冷热水机组的技术要点

（1）溴化锂水溶液对金属有腐蚀性，故对容器材质的防腐处理尤为重要，容器全部钢构件需进行磷化处理。

（2）工作过程中要求极高的真空度。在制冷和采暖循环时，都处于极高的真空状态，溴化锂浓溶液吸收水蒸气在高压发生器内循工作，真空度不够会导致产生不凝气体，降低制冷性能。因此必须具有严格的密封和自动抽真空装置。除应当调整溶液的酸碱度外，还要添加 Li_2C_{204} 等缓蚀剂，并采用氦质谱检漏仪进行检测。

（3）防止高压发生器的结晶问题。直燃机的燃烧温度达 1000℃以上，远高于一般蒸汽型和热水型机组，一旦发生结晶，可能导致炉膛烧坏。所以要求最佳工艺设计，使其确保高温热交换器的温度保持 90℃左右的循环状态和严格的自动控温和自动解除结晶装置，使其不论在何种情况下发生结晶故障，都能自动迅速清除。

采用计算机自动监控和质量精良的执行元件是机组安全运行的可靠保证。

五、直燃型溴化锂吸收式冷热水机组的优点

与压缩式空调相比，直燃型溴化锂吸收式冷热水机组的优点如下。

（1）不需耗电量很大的压缩机和专用电气设备，它由高低压发生器替代锅炉和电动冷冻机，使主机耗电量大大下降。一般直燃机比电力制冷机组省电 95%，综合省电 90% 以上。

（2）直燃机比电力制冷机组运行费用低，一般相当于电力制冷机组的 50% 左右。

（3）直燃机采用溴化锂替代氟利昂，无环境污染，且热交换过程的噪声较低。

（4）运行操作简便，能实现自动化监控，可及时排除故障及隐患。

（5）机组占地面积小，仅为电力制冷机组的一半，可减少基建及设备投资。

（6）负荷降低时，效率变化小，200 万大卡机组节能一般可大于 30%，机组越大，节能效果越明显。

（7）安装要求比电力制冷机组低、施工简便，使用寿命一般可达 15 年以上。

第四节　燃料电池技术

一、概论

燃料电池的基本原理出现时间较早，但燃料电池的生产和应用却是在 21 世纪中期，首先是为宇宙空间探索服务的。空间计划对燃料电池的发展固然有一定的促进作用，但近年来材料工艺的发展才是推动其发展的主要因素。

燃料电池是一次性的电能转换装置，且不受卡诺循环的限制，因此与其他常规方法比较，具有较高的转换效率。培根开发了用高纯氢和氧工作的燃料电池。燃料电池的优点除了能量转换效率较高，它也是温度较低的转化装置，与燃料燃烧相比，释放的污染物极少，在大小和功率等方面可以做成各种不同的规格，仅需要极少的可动部分，有望成为一种低噪声的、可靠的，且不太需要保养的电力来源。

二、燃料电池的种类

燃料电池一般根据使用的电解质种类来分类，可分为碱性型、磷酸型、熔化碳酸盐型和固体电解质型。

碱性型燃料电池以 KOH 水溶液等为电解质，所以工作温度在常温至 100℃

的范围内。若混入氧气或空气中的碳酸气，电池的性能就会受影响，这是碱性燃料电池的缺点。在某些特殊的用途上，这种电池已达到实用化阶段，阿波罗飞船上用的就是这种电池。

磷酸型燃料电池采用浓磷酸作为电解质，工作温度在120℃～220℃的范围内。这种电池的缺点是要用昂贵的铂金作为催化剂，可作为电力事业和就地发电的电源。

日本和美国正在进行这方面的开发和研究。

熔化碳酸盐型电池是以Na和Li等碳酸盐混合物形成的熔化盐作为电解质的，工作温度大约为600℃。固体电解质型燃料电池是利用硅碳酸盐等固体在约1000℃的温度下呈现出氧离子导电原理制成的。

三、燃料电池国内外研究现状分析

燃料电池起源于“气体电池”的原始模型，气体电池的工作原理为燃料电池的诞生奠定了理论基础。燃料电池因制造成本、电极材料、市场等限制，多年来未受重视。直至20世纪60年代，随着卫星和太空宇宙飞船等领域的迅猛发展，使得燃料电池技术再次得到重视，加之能源匮乏和环境污染等问题的日益突出，燃料电池技术得到了合理的开发。

我国燃料电池技术研究始于20世纪50年代末，到20世纪70年代出现了第一次研究高峰，主要用于航天航空领域的碱性燃料电池（AFC），如肼/空气、氨/空气、乙二醇/空气燃料电池等。到了20世纪80年代，我国燃料电池研究一度处于低潮期，自20世纪90年代以来，随着国外燃料电池技术的不断发展，在国内掀起了新一轮的研究热潮，但截至目前，我国的燃料电池技术与国外相比仍有差距，整体产业处于研发和小规模示范运行阶段。尽管通过国家相关政策的扶持，已初步掌握了燃料电池电堆和关键材料、动力系统等核心技术，但在关键材料的开发使用及工艺等方面与国外相比仍有明显差距。

四、燃料电池的结构和原料

（一）熔融碳酸盐电池

对于 MCFC 电池，其运行温度为 650℃，其工作原理是借助甲醇、煤气、天然气和丙烷制氢，并通过空气中 O_2 与内部循环的 CO_2、H_2 发生一定反应，其燃料极化学反应方程式为 $H_2 + CO_3^{2-} \rightarrow H_2O + CO_2 + 2e^-$，其空气极反应是 $2CO_2 + O_2 + 4e - \rightarrow CO_3^{2-}$。MCFC 的特点就是能够将煤气作为燃料，能够对几千 kW 级发电厂或是百万 kW 级火力发电设备进行有效替换，可以在煤气站中安装应用，借助煤气燃料实现发电。另外，熔融碳酸盐属于一种强腐蚀介质，会对电池材料造成一定腐蚀，尤其对于空气极 NiO 有着较强的腐蚀性。

（二）磷酸型燃料电池

对于 PAFC，其工作原理是对丙烷、天然气以及甲醇等进行重整制氢，并由空气提供 O_2，其燃料极反应是 $H_2 \rightarrow 2H^+ + 2e^-$，其空气极的反应是 $1/2O_2 + 2H^+ 2e^- \rightarrow H_2O$。当前，对于 3600 ~ 8000$cm^2$ 级的 PAFC，其电流密度能够达到 200 ~ 300mA/cm^2，其功率密度能够达到 0.13 ~ 0.22W/cm^2，对于单电池容量是 670kW 的 PAFC，其发电规模功率能够达到 11MW。在电力生产中，PAFC 属于重要技术，在其商业化发展中，需要保证其更加小型化、提高稳定性与可靠性，将经济性与可靠性作为 PAFC 电池的研发重点。

（三）质子交换膜电池

对于 PEMFC，其工作温度为 80℃左右，若是将阳离子膜设定为氢离子的传导体，则其工作原理和 PAFC 一致，若是借助阴离子膜进行氢离子传导，则其工作原理和 AFC 一致。PEMFC 的结构、材料等，与 AFC 和 PAFC 基本一致，不同之处在于，其离子交换膜需要具备交换浓度高、膜厚度小、耐久性强以及机械强度高等特点。在 20 世纪 50 年代，由美国 GE 公司所研发，并在飞船上得到广泛应用。选用汽车燃料电池，则 PEMF 是首选。

（四）碱性燃料电池

对于 AFC，其原理为借助纯 H_2 和没有 CO_2 的空气中的 O_2 形成电极反应，其燃料极为 $H_2+2OH^-\rightarrow 2H_2O+2e^-$，其空气极为 $1/2O_2+H_2O+2e^-\rightarrow 2OH^-$。AFC 的空气极与燃料极均为 Ag 和 Pt 的催化剂，其运行温度低于 100℃，在航天飞行器及其他特殊用途中有着广泛应用，然而由于 KOH 能够对空气中 CO_2 进行吸收，对电池性能造成一定影响，需要合理设置 CO_2 去除装置，然而这样便会使其成本提高，成为限制 AFC 发展的重要因素。

五、燃料电池电堆

燃料电池电堆，是燃料电池中的核心部分。一般为了使电压、功率等要求得到充分满足，电堆一般通过对数百节单电池进行串联而成，其冷剂、生成水以及反应气等，借助并联或是根据特殊方式经过所有单节电池。电堆具有一定的均一性，使其性能受到一定影响。另外，材料均一性与部件制造均一性是电堆均一性的主要原因，尤其在流体分配均一性方面，与结构、材料、部件、电堆组装以及操作等有着密切关联。由电堆边缘效应以及生成水积累所引起的不均一问题较为常见。电堆中一节、多节若是存在不均一问题，就会对局部的单节电压造成影响，进而影响电堆整体性能，应该在设计、制造以及组装等各个环节中对其不均一性进行有效控制，比如，在电堆设计中，几何尺寸会对流体阻力降造成影响，而阻力降会对制造误差敏感度造成影响。

六、燃料电池备用电源在通信行业的应用前景

随着通信工业持续快速地发展，持续增长的手机数量、高速互联网的数据传输需求都对通信行业提出了更高的要求，不仅通信基站数量需要大幅度增加，而且通信服务的可靠性也进一步增加。备用电源系统依然是通信行业

可靠性保证的重要因素。无论是由于人为因素还是自然灾害等不可抗力因素引起电网供电中断时，都需要依靠备用电源为现场负载提供能量、以维持通信系统的正常工作。

目前，通信行业所使用的备用电源系统主要是蓄电池或蓄电池与发电机组成的混合系统。尽管这些备用电源系统技术成熟，且在通信行业应用广泛，却越来越不适应节能、减排、低碳等社会的发展方向。内燃机发电装置能量转换效率低、噪声大、尾气污染严重、依赖于石油等化石燃料，蓄电池性能受工作条件影响也较明显，占地面积和重量大、维护频率和费用过高等不足，已经成为通信电源技术发展的一个瓶颈。提高备用电源的能量密度、功率密度、供电时间、使用寿命，降低其维护成本、占地面积、重量和对环境的影响，已经成为通信行业不得不面对的问题。而燃料电池能源系统技术则无疑是解决这一问题的最佳选择。

燃料电池能源系统具有明显的技术和成本优势。燃料电池备用电源的优势不仅是能量转换效率高和低排放等众所周知的因素，在维护成本持续供电时间和环境适应性方面的优势也同样明显：存储的能量以及持续工作时间可精确估计，具备很好的可预测性；工作温度范围广，且性能几乎不受环境温度影响；具备更好的适应性，可通过扩展氢气存储系统实现工作时间的增加，可以提供更长的、持续的工作时间；具备更好的可扩展性，使用寿命大于 10 年，累计工作时间可大于 40000 小时；维护周期可大于 1 年，大大优于蓄电池 1 个月的维护周期和 3 ~ 5 年的使用寿命；重量更轻，占地面积更小；可大幅降低通信电源的初期建设成本投入。随着商业化进程的加快和市场容量的不断扩大，燃料电池能源系统的运作成本在未来几年内将低于蓄电池备用电源系统。

此外，使用燃料电池能源系统作为备用电源，为创建“资源节约型 环境友好型”社会作出的贡献同样是巨大的。如果燃料电池能源系统能和太阳能制氢风力发电制氢等其他新能源技术相结合，则可组成长寿命、免维护的通信电源系统，为通信上使用的无人值守的光缆中继站，无人值守的微波中继站海岛等无线基站建设提供电源，不仅可为扩大我国的通信网络覆盖和提高通信质量作出直接的贡献，而且可提高我国应对诸如地震、台风等自然灾害及突发情况时的快速处理能力。

结　语

随着我国经济的持续发展，对天然气等能源提出新的要求，而作为不可再生资源的燃气能源面临着巨大的危机，加强燃气技术的研发、创建合理科学的能源应用体制，是未来发展的必然方向，加强燃气节能是缓解能源约束矛盾的现实选择，是解决能源环境问题的根本措施。燃气节能不仅要在技术上加大研究力度，也要加强科学管理，创建合理的体制，以达到节约能源、降低污染的目的。所以，在当前燃气节能技术和管理过程当中明确工作的理念便相当关键。综上所述，根据对当前现代化的燃气工程节能技术以及管理手段措施等进行的综合性分析，以及从实际角度着手对今后工作的发展方向以及发展的原则理念等进行的综合性分析，旨在以此为基础更好地实现相关技术的进步，为当前不断发展的环境科学事业奠定坚实基础。

参考文献

［1］谭洪艳. 燃气输配工程［M］. 北京：冶金工业出版社，2009.

［2］严铭卿，宓亢琪，黎光华，等. 天然气输配技术［M］. 北京：化学工业出版社，2006.

［3］林世平，李先瑞，陈斌. 燃气冷热电分布式能源技术应用手册［M］. 北京：中国电力出版社，2014.

［4］吴金星，刘泉，赖艳华. 工业节能技术［M］. 北京：机械工业出版社，2014.

［5］刘纪福. 余热回收的原理与设计［M］. 哈尔滨：哈尔滨工业大学出版社，2016.

［6］黄素逸，林一歆. 能源与节能技术［M］. 3 版. 北京：中国电力出版社，2016.

［7］国家节能中心. 节能法制与能源管理基础［M］. 北京：中国发展出版社，2010.

［8］曾祥东，蒋世忠，梁健，等. 能源与设备节能技术问答［M］. 北京：机械工业出版社，2009.

［9］支晓晔，高顺利. 城镇燃气安全技术与管理［M］. 重庆：重庆大学出版社，2014.

［10］花景新，李兴泉，薛希法. 燃气工程施工［M］. 北京：化学工业出

版社，2009.

［11］李帆，管延文，等. 燃气工程施工技术［M］. 武汉：华中科技大学出版社，2007.

［12］谢全安，田庆来，杨庆彬，等. 煤气安全防护技术［M］. 北京：化学工业出版社，2007.

［13］黄坤，吴晓南，田欣. 液化天然气供应技术［M］. 北京：石油工业出版社，2015.

［14］迟国敬. 城镇燃气安全运行维护技术［M］. 北京：中国建筑工业出版社，2014.

［15］田申，吴庆起. 燃气用户安全用气手册［M］. 北京：化学工业出版社，2010.

［16］李庆林，徐翯. 城镇燃气管道安全运行与维护［M］. 北京：机械工业出版社，2014.

［17］林娜. 浅谈液化石油气使用安全管理［J］. 中国新技术新产品，2015（10）：189.

［18］周存彦. 液化石油气瓶使用中的安全隐患及对策探讨［J］. 科技创新与应用，2013（30）：113.

［19］权亚强. 基于燃气泄漏报警器的燃气泄漏安全切断技术［J］. 煤气与热力，2017，37（4）：31－35.

［20］邵泽华，权亚强. 安全切断型智能燃气表的安全切断技术［J］. 煤气与热力，2016，36（2）：25－29.

［21］李长缨.《城镇燃气管网抢修和维护技术规程》（CJJ51—92）修订介绍［J］. 城市煤气，2000（11）：39.

［22］高文学，王启，项友谦. LNG 冷能利用技术的研究现状与展望［J］. 煤气与热力，2007，27（9）：15－21.

［23］李小玲，王卫强，杨帆. LNG 冷能利用技术应用现状与展望［J］.

现代化工，2014，34（9）：4－7.

［24］张中秀，周伟国．利用液化天然气冷能的空气分离技术［J］．煤气与热力，2007（6）：18－20.

［25］熊永强，华贲，陈忠南，等．利用LNG冷能开展低温储粮［J］．天然气工业，2009，29（5）：118－121，146－147.

［26］刘宗斌，郑惠平，尚巍，等．LNG卫星站冷能利用项目开发［J］．煤气与热力，2010，30（9）：1－5.

［27］丁国生．全球地下储气库的发展趋势与驱动力［J］．天然气工业，2010，30（8）：59－61，117.